고양이 영양학

고양이 영양학

기본에 충실하고 싶은 집사들을 위한
고양이 전용 영양 가이드북

조우재 지음

동그람이

저자의 말

　고양이는 참 신비로운 동물입니다. 고양이에 관해 하나 둘 알아갈수록, 우리는 고양이의 매력에 빠져들게 되지요. 이처럼 매력적인 고양이와 오랫동안 함께하기 위해서는 무엇이 가장 중요할까요? 사람이 건강하게 살아가는 데 식이요법이 중요하듯, 고양이 역시 먹거리를 제일 중요하게 여겨야 합니다.

　그런데 '몸에 좋다'는 먹거리를 잘 챙겨주기만 하면 고양이가 건강하게 오래 살 수 있을까요? 실제로 제가 상담해드린 어느 고양이 보호자님의 경우를 예로 들어보겠습니다. 고양이에게 양질의 단백질을 듬뿍 먹이고 싶은 마음에, 보호자님은 신선한 고기를 구입해 정성껏 요리해 주셨고 고양이도 매번 맛있게 잘 먹었다고 합니다. 아미노산도 풍부하고 기호성도 좋은 데다 식이 알레르기까지 피했으니 그야말로 '일석삼조'의 식단이라고 생각했는데, 막상 혈액검사를 해보니 건강이 우려되는 결과가 나오고 말았습니다.

　일반적으로 고기류는 부위와 종류에 따라 함유된 칼슘과 인의 비율이 천차만별입니다. 전문가의 조언을 받지 않고 보호자님 스스로 식사를 준비하셨다면, 대부분의 경우 칼슘이 매우 부족한 식단을 짜는 경우가 많지요. 이런 불균형한 식단을 고양이에게 장기간 급여하게 되면 칼슘

부족으로 인해 골밀도가 낮아지고 갑상선에 부정적인 영향을 주게 됩니다. 만일 고양이가 약간의 신부전을 앓고 있다면 그 증세를 더 가속화시키는 결과를 초래할 수도 있습니다. 고양이의 건강을 챙기려다 도리어 '최악의 식단'을 급여하게 되는 것이지요.

위의 경우처럼 '잘 먹이기 위해' 특정 영양소에 집중한 나머지 영양 밸런스가 깨져 오히려 문제가 되는 경우를 많이 봐왔습니다. 마치 장난감을 조립할 때 한 부분을 맞추려고 집중하다, 다른 부분이 맞지 않아 완성에 실패하는 것과 비슷합니다.

고양이 영양학은 '어디에 좋다, 나쁘다'가 아닌 통합적인 공부가 필요한 분야입니다. 내 고양이가 현재 어떤 상태인지, 보충해 주어야 할 영양소는 무엇인지, 그 영양소는 어떤 작용을 하는지, 그렇다면 영양소의 전체적인 균형은 어떻게 맞춰야 하는지 종합적으로 살펴볼 줄 알아야 합니다. 출처 없이 떠도는 이른바 '카더라'식 정보라던가 어설프게 알려진 영양학 정보에 의존하다간 사랑스러운 고양이의 기대수명을 낮추는 결과를 초래할 수 있습니다. 내 고양이에게 딱 맞는, 꼭 필요한 영양학 공부가 절실한 이유입니다.

그럼 사랑하는 우리 집 고양이의 만수무강을 위해,
함께 고양이 영양학에 빠져볼까요?

2021년 4월
조우재

추천사

2021 한국 반려동물 보고서에 따르면 현재 반려동물과 생활하는 인구는 약 1,500만 명에 육박하며, 전체 2,000만 가구 중의 30%(604만)가 반려동물과 함께 생활하고 있는 것으로 나타났습니다. '펫팸족(반려동물을 가족구성원으로 생각하는 신조어)'라는 말이 나올 정도로 반려동물은 어느새 우리의 삶 속에 깊숙이 자리 잡게 되었습니다.

반려인들은 가장 많은(전체 지출의 33% 이상) 비용을 반려동물의 먹거리를 구입하는 데 쓰고 있습니다. 하지만 반려동물의 먹거리에 대한 정보는 턱없이 부족한데다 출처를 알 수 없거나 편향된 정보가 난무하고 있어, 반려인들은 올바른 먹거리를 선택하는 데 여전히 어려움을 겪고 있습니다. 특히나 많은 애묘인의 경우 신뢰할 만한 영양학 정보를 얻는 일은 더욱 어려웠으리라 생각합니다. 저 또한 고양이 행동 교정 전문 수의사로서 고양이를 진료하다 보면, 문제 행동만큼이나 많이 듣는 질문 중의 하나가 바로 '고양이의 올바른 먹거리'에 대한 것이었습니다.

2019년 유튜브 '냥신TV' 채널을 시작하며 콘텐츠를 준비하던 때, 각 분야의 전문 수의사들 중 첫 번째 게스트로 초대한 분이 조우재 수의사였습니다. 애묘인들에게 '어떠한 정보가 가장 와닿고 도움이 될까?'하고 고민을 거듭한 결과, 고양이의 먹거리에 관한 영양학 정보가 제일 필요할 것이라 생각했기 때문입니다. 이후 조우재 수의사와 고양이의 대표 간식인 '츄르'와 관련된 대담을 진행하였고 해당 영상은 조회 수 10만 회가 넘을 정도로 많은 관심을 받았습니다. 영상의 내용이 큰 도움이 되었다는 댓글들을 보며 그동안 애묘인들이 고양이의 먹거리에 대한 정확한 영양학 정보를 얼마나 원하고 계셨는지 확인할 수 있었습니다.

그로부터 2년여의 시간이 흐른 지금, 함께 고양이 먹거리에 대한 이야기를 나누던 조우재 수의사가 『고양이 영양학』을 출간한다는 소식을 듣게 되었고 감사하게도 가장 먼저 책 내용을 살펴볼 수 있었습니다. 고양이만을 위한 먹거리와 영양학 정보가 친절하고 자세하게 서술되어 있었는데, 마치 상냥한 모습으로 차근차근 상담해 주는 조우재 수의사의 평소 모습이 책에 그대로 담겨 있는 듯했습니다. 지난 2년간 수많은 강연에서 이야기했던 내용들을, 애묘인들에게 최대한 쉽고 풍부하게 전달하려 고민하고 노력한 흔적들도 책 곳곳에서 느껴졌습니다.

"고양이는 작은 개가 아니다."라는 말이 있습니다. 개와 고양이는 행동학·영양학적으로 매우 다른 동물이기에 반려인들에게는 반드시 각자다른 접근법으로 정보를 전달해야 합니다. 이런 의미에서 고양이만을위한 조우재 수의사의 영양학 책은, 작은 개가 아닌 고양이에게 더 나은삶의 질을 제공할 수 있는 지침서가 되리라 생각됩니다.

그레이스 동물병원 원장
'냐옹신' 나웅식 수의사

영양소의 단위

고양이 사료에 어떤 영양소가 얼마나 함유되어 있는지 제대로 확인하기 위해서는 성분별로 자주 쓰이는 단위를 미리 알고 있는 것이 좋습니다. 영양성분표에서 자주 사용되는, 생소하지만 꼭 알고 있어야 할 단위들을 살펴보겠습니다.

● 무게·질량을 나타내는 단위 : kg, g, mg, mcg(= ㎍, ug)

1kg(=1,000g) > 1g(=1,000mg) > 1mg(=1,000mcg)

영양소의 무게와 질량을 나타내는 기본 단위로, '킬로그램', '그램', '밀리그램', '마이크로그램'이라고 부릅니다. 마이크로그램mcg은 주로 비타민이나 미네랄 등 작은 영양소의 질량을 나타내는 단위로 쓰이며 '㎍,' 또는 'ug'으로 표기하기도 합니다.

● 농도·비율을 나타내는 단위 : ppm, ppb

1ppm = 1,000ppb = 1mg/kg = 1ml/L

ppm은 'part per million'의 약자로 '100만 분의 얼마'를 뜻하며, ppb는 'part per billion' 즉 '10억 분의 얼마'를 뜻하는 매우 작은 단위입니다. 주로 오염된 정도를 측정하거나 특정 첨가물의 농도 등을 나타낼 때 쓰이지요.

참고로 1ppm은 1mg/kg, 1ml/L와 같은 단위이며, 1ppm은 1,000ppb와 같습니다. 따라서 "독성 물질인 BHA 성분이 100mg/kg(100ppm) 만큼 검출되었다"라는 말과 "100,000ppb 만큼 검출되었다"라는 말은 같은 뜻입니다. 하지만 후자의 표현이 더 무시무시해 보이지요? 과장된 수치에 속지 않는 똑똑한 소비자가 되기 위해서는, 영양학에서 가장 기본이 되는 단위부터 잘 알고 계시는 것이 좋습니다.

● 효능을 나타내는 단위 : IU

IU는 '국제 표준 단위'를 뜻하는 'International Unit'의 약자로, 비타민 A^Vitamin A와 같은 작은 단위 영양소의 효능을 나타냅니다. 다른 단위처럼 무게를 나타내는 것이 아니라, 해당 성분이 체내에서 '어느 정도의 효력'을 가졌는지 숫자로 표시하는 단위이지요. 참고로 IU 단위는 주로 비타민 A와 비타민 D에 쓰이며, 비타민 B·C·E에는 효능을 나타내는 IU 대신 질량을 나타내는 mg 단위를 더 많이 씁니다.

태어나서 처음 보는 영양학 용어

● 포뮬러(formula)

'어떤 영양소를 얼마만큼 배합하여 사료를 제조했는가'를 의미하는 단어로, 사료의 '레시피' 혹은 '식단'과 비슷한 의미라고 보시면 됩니다.

● FDA

FDA는 미국 보건복지부 산하의 기관으로 '식품의 약국Food and Drug Administration'을 뜻합니다. 미국에서 생산·유통·판매되는 각종 식료품, 식품 첨가물, 의약품 등에 대한 안전 기준을 세우고 직접 검사와 승인을 진행하는 기관입니다.

● AAFCO, FEDIAF 기준

AAFCO(미국 사료관리협회The Association of American Feed Control Officials)와 FEDIAF(유럽 펫푸드산업연방The European Pet Food Industry Federation)는 각각 미국과 유럽에서 반려동물 사료의 영양소 기준을 정하는 단체입니다. 전문적인 연구를 통해 동물에게 적합한 영양소의 최소·최대 요구량을 제시하고 있지요.

　　AAFCO 기준의 경우 FDA가 반려동물 식품 분야의 안전성을 평가할 때 참고하는 기준이기도 하며, FEDIAF 기준 역시 유럽에서 사료를 제조할 때에 반드시 따라야 할 정도로 공신력을 갖춘 기준입니다. 따라서 국내외 사료는 대부분 위 두 가지 기준을 바탕으로 영양소 함량을 맞추고 있으며, 기준을 제대로 충족한 경우에만 "AAFCO/FEDIAF 기준을 충족했다"라는 문구를 사료 겉면에 표기할 수 있습니다.

● DM, OM 기준

$$성분 함량(DM 기준) = \frac{성분(\%)}{1-수분(\%)}$$

영양학과 관련된 도표를 살펴볼 때, 위와 같은 설명이 붙는 경우가 있습니다. DM은 'Dry Matter'의 약자로, '수분기를 모두 제거한 상태의 물질'을 의미합니다. 예를 들어 단백질이 15%이고 수분이 50%인 식단에서 단백질의 DM은 30%가 되는 것이지요. 따라서 성분 함량과 관련한 표에 'DM 기준'이 표시되어 있다면 '수분이 0%인 건조 상태를 기준으로 측정한 값'임을 뜻한다고 이해하시면 됩니다.

간혹 DM이 아니라 'OM'이라는 기준이 붙을 때가 있는데요. OM은 'Organic Matter'의 약자로 '조회분을 제거한 상태'를 의미합니다. 즉 조회분이 0%인 상태를 기준으로 측정한 값'을 뜻합니다.

● 성분의 합성

두 종류 이상의 성분(화학원소)을 합쳐서 새로운 화합물을 만들어낸다는 뜻입니다. 즉 "체내에서 A 성분을 B로 합성시켰다"라는 말은 A 성분이 체내에서 어떠한 작용을 거쳐 B라는 화합물로 변환되었다는 의미와 같습니다.

차례

1장 고양이 영양학의 '진짜 기초'

2장 사료 유목민을 위한 영양학 안내서

3장 특별한 고양이들을 위한 영양학

4장 🐱 고양이 집사 단골 질문

고양이 영양학의
'진짜 기초'

신비로운 고양이의 몸

고양이의 영양학을 쉽게 이해하기 위해서는 먼저 고양이의 신체적 특징을 잘 알고 있어야 합니다. 고양이는 개와 어떻게 다른지, 사람과는 어떤 차이가 있는지 살펴보며, 신비로운 고양이의 몸에 대해 알아볼까요?

고양이 사료가 '똥색'인 이유 고양이의 시각

고양이가 '먹방'을 본다면 어떨까요? 먹음직스러운 음식을 눈으로 확인할 수 있을까요? 아쉽게도 사람처럼 눈으로 먼저 먹을 수는 없습니다. 고양이는 사람과 달리 붉은색 계통을 전혀 인식하지 못하고 녹색을 약간 구별할 수 있을 뿐이기 때문입니다(적록색맹). 그래서 대부분의 고양이 사료는 갈색 혹은 똥색(?)을 띠고 있답니다. 고양이가 음식을 선택할 때에는 사람과 달리 시각적인 요소에 큰 영향을 받지 않으므로, 따로 인

공착색제를 사용할 필요가 없기 때문이지요.

| 사람이 보는 색상 | 고양이가 보는 색상 |

고양이의 시각 vs 사람의 시각

세상이 허락한 자극 **고양이의 후각**

냄새를 잘 맡는 사람들에게 흔히 '개 코'라는 별명을 붙여주기도 합니다. 개들이 냄새를 잘 식별한다는 사실은 누구나 잘 알고 계실 겁니다. 하지만 고양이 역시 후각이 사람보다 몹시 발달해 있다는 사실도 알고 계신가요?

냄새를 맡는 최소 감각 단위를 '후각 점막'이라고 부릅니다. 후각 점막의 면적이 넓을수록 점막의 세포Olfactory cell가 많이 분포하게 되는데요. 점막 세포의 수가 많다는 것은 곧 '후각 신경이 뛰어나다'는 것을 의미한답니다. 사람의 경우 5백만 개에서 많게는 2천만 개의 후각 점막 세포를 지니고 있는 반면, 고양이는 최소 6천만 개의 세포를 지닌 것으로 알려져 있습니다.

손으로 사람의 코를 막으면 아무리 노력해도 냄새를 맡을 수 없게 됩니다. 사람의 경우 후각 점막이 코 안에만 있기 때문인데요. 개와 고양이

	사람	개	고양이
후각 점막의 면적	2~3cm²	60~250cm²	약 20cm²
후각 점막의 세포 수(개)	500~2,000만	5,000만~2억	6,000만~6,500만

사람 vs 개 vs 고양이의 후각점막 세포 비교

는 후각 점막이 밖으로 나와 있어 콧구멍을 막아도 냄새를 맡을 수 있습니다. 덕분에 언제나 공기 중의 다양한 냄새를 잘 탐지하고 분석할 수 있습니다.

따라서 고양이의 입맛을 돌게 하려면, 무엇보다도 후각적인 요소에 신경을 가장 많이 써야 합니다. 고양이의 사료 선택 기준 역시 '냄새 → 사료 알갱이의 모양과 질감 → 소화한 후의 느낌'의 순으로 알려져 있습니다. 그래서 대부분의 고양이 사료에는 '향미제'가 포함되어 있습니다.

물론 사람이 좋아하는 향과 고양이가 좋아하는 향이 항상 일치하는 것도 아니랍니다. 실제로 겨울철 원룸에 거주하시는 분들 중에서 고양

─ 방향제를 고를 때 주의할 점 ─────────────

혹시 예민한 고양이와 함께 살고 계시다면, '칙칙~' 하고 자동으로 분사되는 방향제는 사용하지 않는 것이 좋습니다. 아무리 상쾌하게 느껴지는 향이라도, 고양이에겐 매우 자극적인 향이 될 수 있기 때문이지요. 또한 꽂아두는 방향제에 비해 향기가 무척 진한 데다 향이 직접적으로 분사되기 때문에 고양이에게 스트레스를 유발하는 요인이 될 수 있다는 점, 꼭 기억해주세요!

이 사료 냄새에 두통을 호소하는 보호자분도 꽤 계셨던 걸로 기억합니다. 아무리 고양이의 군침을 유발하는 향이라도, 오히려 보호자들은 머리가 아픈 역겨운 냄새로 느끼실 수 있습니다. 반대로 사람의 향수 냄새나 진한 방향제가 고양이들의 스트레스를 유발할 수도 있기 때문에 주의하셔야 합니다.

우리 고양이는 미식가? **고양이의 미각**

"우리 고양이는 미식가라서 그래요." 맛없는 음식은 절대 먹지 않는다며, 몇몇 보호자분은 자신의 고양이를 '미식가'로 표현하시곤 합니다. 하지만 고양이는 사람처럼 다양한 맛을 느끼지 못합니다. 고양이가 미식가라는 것은 잘못 알려진 정보이지요.

우선 맛에 예민해지기 위해서는 맛을 느끼는 감각이 뛰어나야 합니다. 맛을 느끼는 최소의 단위세포를 '미뢰Taste bud'라고 부르는데, 미뢰의 수는 '사람 → 개 → 고양이' 순으로 많습니다. 인간은 보통 9,000여 개의 미뢰를 지닌 것으로 알려져 있지만 고양이는 이보다 한참 적은 500

	사람	개	고양이
미뢰 수(개)	3,000~12,000	약 1,700	450~500

사람 vs 개 vs 고양이의 미뢰 수 비교

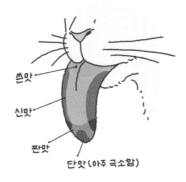

쓴맛

신맛

짠맛

단맛(아주 극소함)

고양이의 혀 구조

여 개의 미뢰를 갖고 있습니다. 그만큼 사람보다 맛을 느끼는 감각이 덜 발달되어 있다고 볼 수 있겠지요.

참고로 고양이의 미각으로는 단맛을 거의 느낄 수 없습니다. 반대로 쓴맛은 사람보다도 잘 느끼지요. 개체마다 차이는 있겠지만 과자 봉지나 사탕, 초콜릿, 고구마에 반응하고 좋아하는 개와 달리, 달콤한 음식에 고양이가 떨떠름한 반응을 보이는 이유는 여기에 있습니다.

정리하자면, 고양이가 음식을 먹기까지의 과정은 다음과 같습니다. 먼저 예민한 후각을 활용해 먹으려는 음식을 '롤링(킁킁 맡아보는 행위)'하고, 향이 기호에 맞는다면 그제서야 혀를 이용해 음식을 먹기 시작할 겁니다. 간혹 취향이 까다로운 고양이의 경우 사료 알갱이를 입에 넣었다가도 금세 뱉어버리곤 하는데요. '맛이 없어서'라기보단, 막상 먹어보니 사료 알갱이가 너무 딱딱하거나 모양 혹은 질감이 마음에 들지 않기 때문일 가능성이 큽니다.

한 스푼을 먼저 떠먹거나 손으로 살짝 찍어 맛이 어떤지부터 살펴보는 우리와, 일단 냄새부터 맡고 보는 고양이들…. 먹고 싶은 음식을 선별하는 과정이 꽤 다르지요?

아기의 피부보다 약해요 **고양이의 피부**

고양이와 사람 중 누구의 피부가 더 예민할까요? 정답은 바로 고양이입니다! 고양이의 피부는 아기의 피부보다 훨씬 예민해서 외부 자극에 민감할 수밖에 없습니다. 따라서 고양이의 털은 외부의 자극이나 오염물질로부터 피부를 지켜주는, 아주 중요한 역할을 합니다.

일반적으로 피부의 pH(산성이나 알칼리성 정도를 나타내는 수치)는 알칼리성을 띨수록 미생물 등 외부의 감염에 취약한 상태가 됩니다. pH가 0에 가까울수록 산성, 숫자가 높을수록 알칼리성을 띠고 있다고 보시면 되는데요(중성은 pH 7입니다). 사람의 피부는 보통 pH 4.8, 고양이의 피부는 pH 6.4 정도라고 합니다. 사람에 비해 고양이의 피부가 알칼리성이 더 높은 것을 알 수 있습니다. 아기 피부보다도 더 약한 피부란 이야기지요.

따라서 아무리 무더운 여름철이라도 고양이의 털을 모두 밀어버리는

	사람	고양이	개	기니피그	돼지, 말
피부(pH)	4.8	6.4	7.4	5.5	6.3

개체별 피부 pH 비교

행위는 삼가시는 게 좋습니다. 또한 사람의 샴푸를 고양이에게 쓰는 행위도 지양해야 합니다. 우리가 주로 쓰는 샴푸는 기본적으로 사람 피부의 pH에 맞게 만들어진 제품이기 때문입니다. 고양이에겐 자극적일 수밖에 없겠지요. 사람용 샴푸를 고양이에게 사용하면 고양이의 피부층을 망가뜨리게 되고, 피부에 심한 각질을 일으키게 되므로 반드시 주의하셔야 합니다.

땀 흘리는 고양이를 본 적 있나요 고양이의 땀샘

조금만 걸어도 온몸에 땀이 흐르는 한여름의 무더위…. 사람은 더울 때 땀을 흘리면서 몸의 온도를 낮추고, 땀 속의 소금기Natrium로 피부를 살균해 외부 감염을 막기도 합니다. 고양이의 경우는 어떨까요? 혹시 무더운 여름철, 땀을 뻘뻘 흘리는 고양이를 본 적이 있으신가요?

아래 그림을 보시면 사람과 고양이의 땀샘이 어떻게 다른지 잘 구분할 수 있으실 겁니다. 사람 피부에는 있는데 고양이에겐 없는 부분이 보이시나요?

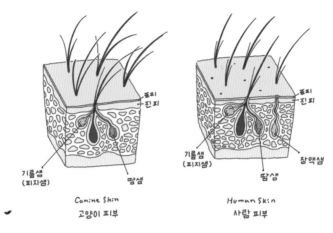

고양이 vs 사람의 피부 비교

사실 고양이는 사람과 같은 '맑고 짭짤한' 땀을 흘리지 않습니다. 위
그림처럼 고양이에게는 맑은 액체 형태의 땀을 분비하는 '장액샘'이 없
기 때문이지요. 대신 아주 천천히 기름땀을 분비하는 '기름샘'이 발달해
있습니다. 기름땀은 고양이의 피부와 털을 온종일 촉촉하게 유지하고,
비를 맞아도 몸이 금방 젖지 않도록 방수 기능까지 담당하고 있답니다.

이처럼 고양이는 사람처럼 땀으로 나트륨을 배출하지 않기 때문에,
고양이의 먹거리에는 필요한 나트륨의 양이 적습니다. 간혹 고양이 사
료를 맛보신 분들 중에서 "짠 것 같다"라고 말씀하시는 분들이 있지만
결론부터 말씀드리자면 고양이 사료는 사람의 음식에 비해 절대 짜지
않습니다.

FEDIAF European Pet Food Industry Federation, 유럽 펫푸드산업연방, AAFCO The Association of American Feed Control Officials, 미국 사료관리협회에서는 사료를 만들 때 최소 0.1% 이상의 나트륨을 넣도록 규정하고 있습니다. 이는 고양이에게 필요한 최소한의 나트륨 함량으로, 실제로 판매되는 고양이 사료에는 0.3~0.6%의 나트륨이 함유되어 있습니다. 또한 신장·심장질환 처방식은 나트륨 함량이 낮은 편이며, 물을 많이 먹도록 설계된 결석 처방식의 경우에도 나트륨 함량은 1.3%를 넘지 않습니다.

사람의 음식에는 이보다 10배 이상 되는 나트륨이 함유되어 있습니다. 사람들은 음식에 적절한 '간'이 되어 있어야 맛있다고 느끼기 때문이지요. 따라서 조리된 음식을 고양이에게 공유하는 행위는 반려묘의 기대수명을 줄이는 결과를 초래할 수 있습니다. 꼭 "사람 음식은 사람에게, 고양이 음식은 고양이에게"를 지켜주세요. 가장 기본 중의 기본입니다!

단맛이라고는 모르고 살지요 고양이의 소화효소

쌀밥을 입에 넣고 오랫동안 씹어보신 적이 있나요? 쌀은 탄수화물에 속하기 때문에 오래 씹을수록 단맛이 납니다. 탄수화물은 1개 이상의 '당'으로 이루어져 있는데, 사람의 입에는 당을 분해할 수 있는 '아밀레이스(amylase, 아밀라아제로도 불림)'라는 소화효소가 존재합니다. 밥을 꼭꼭 오랫동안 씹으면 침 속 아밀레이스가 당을 분해하면서 단맛을 느낄 수 있는 것이지요.

그러나 고양이는 그렇지 못합니다. 고양이의 침 속에는 소화요소인 아밀레이스가 거의 존재하지 않을뿐더러, 고양이의 혀에는 단맛 수용체가 발달해 있지 않기 때문에 아무리 오래 씹어도 단맛을 느낄 수 없습니다. 이러한 특성과 더불어 고양이는 개보다 단백질 요구량이 평균 10% 정도 많기 때문에, 고양이 전용 사료의 탄수화물 수치는 25~40%로 개 사료(35~50%)보다 낮은 편입니다. 불필요한 탄수화물 함량을 줄이는 대신 단백질 함량을 늘린 것이지요.

평생 단맛을 모르고 살아가야 하다니! 사람 입장에서는 상상만으로도 참 끔찍하지요. 어쩔 수 없지만 그게 바로 고양이의 묘생이랍니다.

고양이 건강관리는 치아관리부터 **고양이의 구강 구조**

고양이의 입을 크게 벌려보신 적 있나요? 고양이가 하품할 때 입 안을 자세히 들여다보면 사람의 구강 구조와 많이 다르다는 것을 알 수 있습니다.

고양이의 치아는 안쪽으로 뾰족하게 들어간 모양으로, 끝이 매우 날카롭기 때문에 먹잇감을 놓치지 않고 물거나 뜯어먹기에 적합한 구조를 갖추고 있습니다. 따라서 고양이가 장난으로 손가락을 물고 있을 때, 빠른 속도로 무리하게 손가락을 빼내려 하다간 살이 찢어질 수 있으니 주의해야 합니다.

치아가 뾰족하다 보니 구강을 관리할 때에도 각별한 주의를 기울여야 합니다. 간격이 좁고 오밀조밀한 사람의 치아와 달리, 고양이의 이빨은 사이사이에 틈이 많아 음식물 잔여물이 많이 남아있게 됩니다. 잔여물이 닦이지 않은 채 오래 방치되면 딱딱한 치석으로 변하게 되는데요. 치석이 쌓여 점점 커지면 잇몸에 자극을 주게 돼 염증을 일으킬 수 있습니다. 결국 아무리 맛있는 것을 주고 싶어도 고양이가 먹을 수 없는 최악의 상태가 될 수 있지요.

고양이는 아픔을 잘 숨기는 습성이 있는 데다 개와 달리 입을 벌리는 행위를 잘 허용하지 않는 동물이기 때문에, 보호자가 고양이의 치아에 문제가 있는 것을 뒤늦게 알게 되는 경우가 많습니다.

강의를 다니다 보면 고양이의 장수 비법을 알려달라는 보호자가 많이 계신데요. 어떠한 값비싼 영양제보다도, 매일 해주시는 꼼꼼한 양치질이 고양이를 더 건강하게 할 수 있다는 말씀을 꼭 드리고 싶습니다. 하루에 한 번 고양이 양치질, 잊지 말아주세요!

고양이가 조금씩 밥을 먹는 이유 **고양이의 식사 시간**

일반적으로 사람들이 밥을 먹는데 약 20분에서 40분의 시간이 걸린다고 합니다. 물론 그보다 더 오래 걸리는 경우도 있고, 급한 상황에서는 10분 안에 식사를 끝내기도 하지요. 개의 경우 보통 1~2분 이내에 식사를 마치곤 합니다. 식욕이 강하거나 성격이 급한 경우엔 30초도 되지 않아 한 그릇을 뚝딱 비우기도 합니다. 그렇다면 고양이는 어떨까요?

사실 고양이의 식사 시간은 측정하기가 매우 힘듭니다. 개와 달리, 고양이들은 하루에 소량씩 자주 식사하기 때문이지요. 고양이는 말 그대로 '시도 때도 없이' 밥을 찾아먹는 습성이 있습니다. 왜 그런 걸까요? 고양이가 여러 번에 걸쳐 조금씩 자주 나눠 먹는 이유를 쉽게 설명해드리겠습니다.

고양이는 기본적으로 단백질 요구량이 많은 편입니다. 좀 더 정확히 말씀드리자면, 단백질을 구성하고 있는 여러 가지 종류의 '아미노산'을 많이 섭취해야 합니다. 특히 일부 아미노산(아르기닌, 메티오닌 등)은 몸에서 스스로 만들어낼 수 없기 때문에 반드시 음식 등을 통해 직접 섭취해야 합니다. 그래서 고양이 전용 사료의 경우 여러 아미노산이 풍부한 동물성 단백질을 주원료로 사용하는 것이랍니다. 이렇게 섭취한 아미노산은 칼로리나 효소 등 몸에 필요한 성분을 만들어내는 데 쓰이고, 남은 아미노산은 자연스럽게 체외로 배출됩니다.

하지만 지나친 단백질 섭취는 오히려 고양이의 건강을 해칠 수 있어 주의해야 합니다. 몸에 해로운 독소가 배출되지 못하고 계속 쌓일 수 있기 때문입니다. 앞서 단백질은 아미노산으로 구성된다고 설명해드렸지요? 단백질을 이루는 아미노산에는 탄소$_C$와 수소$_H$, 산소$_O$, 그리고 질소$_N$가 포함되어 있습니다.

아미노산이 체내에 흡수되는 과정에서, 성분 간의 화학 작용으로 질소대사산물 즉 '암모니아'가 일부 생성되는데요. 과다하게 아미노산을 섭취하게 되면 그만큼 암모니아가 많이 생겨 체내에 쌓이게 됩니다. 한 마디로, 고양이 몸속에 독소가 쌓이게 되는 것입니다. 체내에 암모니아가 많이 쌓이게 되면 고양이의 뇌에도 좋지 않은 영향을 줄 수 있습니다. 심한 경우 고양이를 죽음에 이르게 할 수도 있지요.

단백질 섭취로 생긴 찌꺼기는 단백질을 섭취해야만 체내에서 없앨 수 있습니다. 암모니아를 체외로 내보내기 위해서는 '아르기닌Arginine'이라는 아미노산이 필요한데, 고양이는 이 아르기닌을 스스로 만들어내지 못하기 때문에 반드시 외부에서 공급받아야 합니다.

따라서 고양이의 건강을 위해서는 한 번에 많은 양의 사료를 먹이는 것보다 조금씩 여러 번에 걸쳐 사료를 먹이는 것이 훨씬 좋습니다. 물론 고양이들은 본능적으로 먹는 양을 조절하긴 하지만, 분명 그렇지 않은 고양이들도 있을 겁니다. 고양이의 건강을 위해 보호자님께서는 고양이가 잘 먹고 좋아하는 사료를 소량씩, 여러 번에 걸쳐 급여해주시길 권장합니다.

섬세하고 예민한 바로 그곳 **고양이의 장**

최근에 장 속에 살고 있는 '장내 세균(상재균)'에 대한 연구가 많이 진행되고 있습니다. 요즘 핫한 '비만 세균'이나 '유산균'에 대한 연구도 여기에 속합니다.

장내 세균은 면역 기능부터 소화, 발효 기능 등 아주 많은 역할을 담당하고 있습니다. 살짝 상한 음식을 먹더라도 별 탈이 나지 않는 것은, 장내 세균들이 외부의 식중독균이 번지는 것을 먼저 막아주는 덕분이지요. 이렇듯 설사나 복통, 발열을 일으키는 병원성 세균으로부터 장을 보호해주는 일이 바로 장내 세균이 담당하고 있는 가장 큰 역할이랍니다.

기본적으로 고양이의 장내 세균은 사람에 비해 그 종류도 다양하지 않으면서 절대적인 숫자가 1,000배 정도 적은 것으로 알려져 있습니다. 사람의 장은 약 1.5m로, 고양이의 장 길이에 비해 4~5배가량 깁니다. 또한 그 안에 있는 장내 세균들의 밀도도 매우 높은 편이라, 웬만한 병원성 세균이나 바이러스로부터 몸을 잘 지킬 수 있습니다. 반면 고양이의 장은 길이가 짧은 데다 장내 세균의 종류도 많지 않아, 사람보다 병

구분	사람	고양이
장의 길이	약 1.5m	0.3~0.4m
장내 정상 세균량 (bacterias/gr)	약 10^9 (1,000,000,000)	약 10^6 (1,000,000)

사람 vs 고양이의 장 길이와 장내 정상 세균량 비교

원성 세균에 취약해 장염이 쉽게 발생할 위험이 있습니다. 그래서 온도가 높고 습기가 많아 세균이 빠르게 증식하기 쉬운 여름철에는, 고양이의 식기를 더 잘 씻어줘야 합니다.

따라서 고양이의 장 건강 역시 세심하게 관리해주셔야 합니다. 장내 세균들이 더 잘 살 수 있도록 돕는 '유산균Probiotic'이나 '프리바이오틱스Prebiotics'를 챙겨주시는 방법도 고양이의 장 건강을 향상하는 데 도움이 되는데요. 이들 성분(유산균, 프리바이오틱스)은 뒤에서 더 자세히 설명해드리겠습니다.

집사들은 이런 게 궁금해! ①

개·고양이 사료, 바꿔 먹여도 될까요?

👤 3

집사K

개와 고양이를 함께 모시고 있어요. 그런데 자기 사료보다 더 맛있어 보이는지, 가끔 서로의 밥을 탐내더라고요! 고양이가 개 사료를 먹어도 건강에 크게 문제가 생기진 않겠죠?

장기간 서로의 사료를 바꿔 먹는다면, 문제가 생길 수 있어요. 고양이의 신체적 특성은 엄연히 개와 다르기 때문에, 요구되는 영양소 레벨 역시 개의 것과 차이가 날 수밖에 없답니다.

우재쌤

집사K

얼핏 봐선 사료에 별 차이는 없는 것 같던데…. 어떻게 다른데요?

'고양이 사료는 개 사료보다 단백질이 많다', '개 사료와 달리 타우린 성분이 들어간다'는 말 들어보신 적 있으시죠? 이처럼 고양이의 사료는 고양이에게 특별히 더 필요한 영양소를 골라 적절히 배합한 것이기 때문에, 고양이와 개 사료를 구별해서 급여해주시는 것이 바람직하답니다.

우재쌤

집사K

흠. 어쩌다 한 번은 괜찮을 수 있지만, 지속적으로 서로의 사료를 잘못 먹게 되면 각자의 건강에 안 좋은 영향을 끼칠 수 있겠네요. 이제 눈을 부릅뜨고 잘 지켜봐야겠어요.

고양이 동수

…… (쳇, 이제 멍멍이 녀석의 밥은 못 뺏어 먹겠군!)

※ 고양이 사료에 들어가는 구체적인 영양 성분은 2장에 자세히 설명되어 있습니다.

초심으로 돌아가는 영양소 공부

영양소는 어떻게 분류될까?

영양소는 '큰 영양소Macro Nutrient'와 '작은 영양소Micro Nutrient'로 분류할 수 있습니다.

큰 영양소는 섭취했을 때 몸에 필요한 칼로리를 공급해주는 영양소입니다. '3대 영양소'라고 하는 단백질, 지방, 탄수화물이 여기에 속합니다. 음식 섭취를 통해 얻는 칼로리는 모두 이 3대 영양소가 만들어내기 때문에, 식료품에는 소비자들이 섭취할 칼로리가 어느 정도 되는지 알 수 있도록 3대 영양소의 함량이 자세히 표기되어 있습니다.

작은 영양소는 위의 3대 영양소(단백질, 지방, 탄수화물)를 제외한 영양소로, 미네랄과 비타민이 여기에 속합니다. 아주 작은 부분을 차지하지만 신체에서 중요한 역할을 하며 너무 많을 경우 과잉증, 부족할 경우엔 부족증을 유발하는 등 문제가 생길 수 있습니다.

그런데 작은 영양소는 말 그대로 단위가 매우 작기 때문에 섭취량을 조절하기가 어렵습니다. 하지만 일반적으로 국제 영양학 기준AAFCO, FEDIAF을 충족하는 사료를 먹일 경우 영양소 과잉증이나 부족증을 걱정하실 필요는 없습니다. 단, 영양소가 한쪽으로 크게 치우친 식품을 급여하는 경우에는 문제가 생길 수 있습니다.

이렇게 5대 영양소(단백질, 지방, 탄수화물, 미네랄, 비타민)가 무엇인지 간단히 살펴보았는데요, 이 영양소 못지않게 중요한 역할을 담당하는 영양소가 또 있습니다. 바로 '물'입니다. 물도 당당히 영양소에 포함된다는 사실, 알고 계셨나요? 이제부터 물을 포함한 6대 영양소가 고양이 몸에서 어떤 역할을 하는지, 고양이의 건강한 밥상을 위해 보호자님께서 어떤 점을 주의 깊게 살펴보셔야 하는지 좀 더 상세히 설명해드리겠습니다.

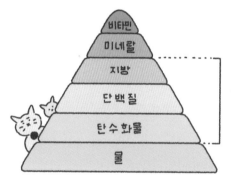

고양이를 이루는 6대 영양소

고양이에게 꼭 필요한 '6대 영양소'

고양이는 육식동물이에요 단백질

고양이 보호자님과 상담을 할 때면, 단백질과 관련된 질문을 참 많이 받습니다. 고양이의 변 상태, 가려움증, 비만 등의 원인을 '단백질 때문이 아닌가' 하고 의심하시는 경우가 많았는데요. 이처럼 보호자분께서 가장 관심을 많이 가지시는 영양소, 단백질부터 자세히 살펴보도록 하겠습니다.

단백질은 체내에서 잘게 분해되어 아미노산 형태로 흡수됩니다. 분해된 단백질은 서로 결합해 다른 종류의 아미노산을 만들어내기도 하고, 몸에 필요한 효소를 생성하거나 신진대사에 깊이 관여하기도 합니다.

단백질은 유래에 따라 크게 동물성 단백질과 식물성 단백질, 두 가지로 분류됩니다. 그리고 고양이는 육식동물이기 때문에 식물성보단 동물성 단백질이 더 많이 필요하다고 알려져 있습니다. 하지만 시중에서 판매하고 있는 일부 사료는 동물성 단백질로만 이뤄진 것이 아니라 식물성 단백질도 섞여 있다는 사실, 알고 계셨나요?

고양이 사료의 원료표를 살펴보면 보통 동물성 단백질이 주원료(제1원료, 제2원료 등)로 표기되어 있을 겁니다. 많은 소비자가 '동물성 단백질이 들어간 사료가 더 좋은 것'이라고 인식하는 경향이 있기 때문에 동물성 단백질을 주원료로 내세우고 있는 것이지요. 그런데 과연 동물성 원료를 많이 사용한 사료가 영양학적으로 훨씬 우수할까요? 식물성 원료가 들어간 사료는 단백질이 풍부하지 않은 것일까요? A 회사와 B 회사의 사료 원료표를 비교해 그 비밀을 알려드리겠습니다.

구분		사료 A (동물성 원료를 내세운 고양이 사료)	사료 B (일반 고양이 사료)
사용 원료 (% 제외)		토끼, 캥거루, 동물성 지방, 현미, 병아리완두, 감자전분, 고구마, 타피오카, 미네랄, 비타민	옥수수, 쌀, 동물성 지방, 소고기, 닭, 양, 연어, 미네랄, 비타민
사용 원료		토끼(18%), 캥거루(16%), 동물성 지방(15%), 현미(9%), 병아리완두(7%), 감자전분(7%), 고구마(6%), 타피오카(5%), 미네랄, 비타민	옥수수(18%), 쌀(16%), 동물성지방(15%), 소고기(7%), 닭(7%), 양(6%), 연어(5%), 미네랄, 비타민
영양성분	단백질	35%	35%
	지방	16%	16%
	탄수화물	35%	35%
	수분	9%	9%
	조회분	5%	5%

사료 A와 사료 B의 영양 성분표 비교

여러분은 A 사료와 B 사료 중에서 어떤 것이 더 좋은 사료로 보이시나요? 처방식 등의 특수한 목적이 아니라면, 소비자 입장에서는 A 사료를 선택할 가능성이 큽니다. 소비자의 눈에 잘 띄도록 사용 원료의 가장 앞 순서에 동물성 원료를 배치해 놓았기 때문이지요. 하지만 영양학자의 시각으로는, 고양이가 특정 단백질에 식이 알레르기가 있지 않은 이상 두 사료 간에 큰 차이는 없어 보입니다. 원료의 순서가 다를 뿐 두 가지 사료의 단백질과 지방, 탄수화물의 절대수치는 다르지 않기 때문입니다.

단지 영양 성분을 나타내기 위해서라면 원료의 순서는 그리 중요하지 않습니다. 하지만 소비자들은 원료표에서 가장 먼저 보이는 제1, 2원료를 중요하게 생각하기 때문에 사료 회사들은 다음과 같은 마케팅 문구를 전면에 내세우기도 합니다.

"생고기 사용 90% 이상"

"동물성 단백질, 육식 본능"

"완전한 육식 사료"

또한 원료표를 자세히 살펴보시면 아시겠지만, 사실 고양이 사료에는 콩(대두) 단백질과 같은 식물성 단백질도 함유되어 있습니다. 그럼에도 사료 회사들이 위와 같은 문구로 마케팅을 하는 이유는 '고양이는 육식동물'이라는 명제 때문일 것입니다.

그렇다면 고양이는 왜 '육식동물'인 걸까요? 답은 단백질을 구성하고 있는 '아미노산'과 관련이 있습니다. 고양이 몸에 필요한 아미노산의 양이 다른 동물보다 많기 때문입니다.

(단위 : g)	최소 요구량(DM, 100g 기준)						
	개				고양이		
	성견 (95kcal/ kg$^{0.75}$)	성견 (110kcal/ kg$^{0.75}$)	14주 미만, 임신한 경우	14주 이상 성장기	성묘 75kcal/ kg$^{0.67}$	성묘 100kcal/ kg$^{0.67}$	성장기, 임신기
단백질 Protein	21	18	25	20	33.3	25	28 / 30
아르기닌 Arginine	0.60	0.52	0.82	0.74	1.30	1.00	1.07 / 1.11
히스티딘 Histidine	0.27	0.23	0.39	0.25	0.35	0.26	0.33
아이소루신 Isoleucine	0.53	0.46	0.65	0.50	0.57	0.43	0.54
류신 Leucine	0.95	0.82	1.29	0.80	1.36	1.02	1.28
라이신 Lysine	0.46	0.42	0.88	0.70	0.45	0.34	0.85
메티오닌 Methionine	0.46	0.40	0.35	0.26	0.23	0.17	0.44
메티오닌-시스틴 Methionine- cystine	0.88	0.76	0.70	0.53	0.45	0.34	0.88
페닐알라닌 Phenylalanine	0.63	0.54	0.65	0.50	0.53	0.40	0.50
페닐알라닌-티로신	1.03	0.89	1.30	1.00	2.04	1.53	1.91
트레오닌 Threonine	0.60	0.52	0.81	0.64	0.69	0.52	0.65
트립토판 Tryptophan	0.20	0.17	0.23	0.21	0.17	0.13	0.16
발린 Valine	0.68	0.59	0.68	0.56	0.68	0.51	0.64
타우린(습식) Taurine(WET)					0.27	0.20	0.25
타우린(건식) Taurine(DRY)					0.13	0.10	0.10

개와 고양이의 단백질 최소 요구량 비교(FEDIAF, 2020)

위의 표는 개와 고양이에게 필요한 아미노산 함량을 종류별로 비교한 것입니다. 개의 경우 '타우린'이라는 성분의 최소 함량 기준이 없는 것을 확인하셨나요? 개는 타우린을 따로 섭취하지 않아도 체내에서 스스로 충분한 양을 만들어낼 수 있다는 것을 의미합니다. 반면 고양이의 경우 위의 성분을 음식을 통해 섭취해야만 합니다.

본래 야생에서 살았던 고양이는 사냥을 통해 몸에 필요한 영양소를 충족해왔습니다. 가정에서 사람과 함께 지내기 전까지 오랜 세월에 걸쳐 주로 동물성 단백질을 섭취해 왔지요. 이렇다 보니 고양이의 체내에서는 점차 다양한 단백질(아미노산)과 비타민을 스스로 만들어낼 필요가 없어졌고, 영양소 합성 능력이 다른 초식동물 개체보다 떨어지게 되었습니다. 우리가 고양이를 '육식동물'로 분류하고 있는 것은 바로 이러한 이유 때문입니다.

이처럼 고양이는 음식으로 섭취해야 하는 아미노산 요구량이 개에 비해 많기 때문에, 사료에도 단백질의 함량이 많을 수밖에 없는 것이랍니다.

--- **메티오닌(Methionine)이란?**

메티오닌은 고양이 체내의 산성도(pH)를 조절하는 역할을 담당하는 아미노산입니다. 너무 많은 양을 섭취하게 되면 오히려 고양이 건강에 악영향을 끼칠 수 있기 때문에, FEDIAF는 사료 제조 시 해당 아미노산의 함량이 0.17%에서 최대 1.3%를 넘지 않도록 권고하고 있습니다(2020).

─ 펫 푸드에는 왜 닭고기가 많이 쓰일까?

닭, 돼지, 소 등의 육류는 축종과 부위에 따라 가격이 천차만별이지만 단백질함량을 살펴보면 그렇게 큰 차이가 나진 않습니다. 즉, 소고기보다 판매가가 낮은 고기라고 해서 단백질함량이 월등히 적은 것은 아니라는 의미입니다.

국내에서 생산되는 펫 푸드는 대부분 닭고기를 원료로 사용하는 편입니다. 닭은 돼지나 소 등의 다른 동물들보다 적은 양의 사료를 먹고 자라는 데다, 성장하는 속도도 빨라서 훨씬 경제적이기 때문이지요. 반면 미국의 경우 닭고기보다 소고기를 펫 푸드 원료로 더 많이 사용합니다. 우리나라와 달리 사람이 소비하는 소고기 부위가 다양하지 않아 남는 고기가 많기 때문입니다.

이번엔 식물성 원료들의 아미노산 함량을 동물성 원료와 비교하여 살펴보겠습니다. 아래의 표를 참고해주세요.

(아미노산 mg/단백질 100g당)

	이소루신	루신	라이신	메티오닌	페닐알라닌	트레오닌	트립토판	발린	히스티딘	아르기닌
닭고기	830	1,400	1,500	480	680	730	200	880	610	1,200
돼지고기	770	1,300	1,400	440	650	700	200	870	570	1,190
소고기	790	1,400	1,400	440	680	700	190	850	600	1,200
콩(대두)	1,509	2,308	1,946	392	1,517	1,124	412	1,557	777	2,254
땅콩	943	1,689	958	336	1,256	742	314	1,059	602	3,188
밀	428	765	489	241	470	391	208	532	247	920
두부	434	684	523	117	456	354	111	429	206	688
현미(쌀)	215	694	246	197	418	192	109	367	144	625
백미(쌀)	229	662	228	105	405	203	76	362	128	565
감자	71	121	131	35	85	67	21	125	35	103
고구마	54	78	63	21	65	66	14	77	23	38

주요 원료별 필수아미노산 요구량 비교

전체적인 수치를 비교하면, 육류 단백질의 필수아미노산 구성이 식물성 원료들의 것보다 대체적으로 우수하다는 점을 확인할 수 있습니다. 하지만 식물성 원료들 중에서 콩(대두), 땅콩의 필수 아미노산 함량을 자세히 살펴보면, 육류와 비교했을 때 아미노산 함량이 부족하지 않음을 알 수 있지요. 채식 사료를 만들 때 농축 콩단백질을 주원료로 사용하는 이유도 여기에 있습니다.

실제로 사료의 영양소를 배합할 때, 간질환 처방식* 등의 특별한 경우를 제외하고는 단백질의 종류를 따지지는 않습니다. 그보다 결과물의 아미노산 구성이 고양이에게 필요한 최소·최대 함량에 부합하는지를 살피지요.

그러나 사료 영양 성분표에는 다양한 종류의 아미노산의 최소·최대 함량이 자세히 표기되어 있지 않아, 일반 가정에서 일일이 확인하기 어렵습니다. 국내 사료관리법상 의무적으로 표기해야 하는 사항이 아니기 때문입니다. 따라서 사료의 단백질 원료와 함량을 주의 깊게 살펴보고 싶으시다면, 사료에 다음과 같은 문구가 표기되어 있는지를 확인하는 것이 좋습니다.

*경우에 따라서 동물성 단백질을 줄이고 식물성 단백질을 사용합니다. 동물성 단백질이 식물성 단백질에 비해 몸에 해로운 질소 대사산물을 더 많이 생성하기 때문입니다.

"○○○는 AAFCO/FEDIAF 기준을 충족한 사료입니다."

"○○○ is formulated to meet the nutritional levels established by the AAFCO/FEDIAF."

위 문구는 '사료를 출시하기 전에 영양소의 성분과 함량을 분석해 AAFCO 또는 FEDIAF 권고 기준을 충족했음'을 의미하는 표시인데요. 이 기준을 충족한 사료라면, 고양이에게 필요한 영양소의 균형을 1차적으로 잘 맞춘 사료라고 볼 수 있습니다.

● 피부질환(식이 알레르기)과 단백질의 관계

단백질은 피부질환과도 연관이 있습니다. 털의 90% 이상은 아미노산으로 구성되어 있기 때문에 피모와 단백질은 떼려야 뗄 수 없는 관계입니다. 많은 보호자께서 "사료를 교체했더니(단백질원을 바꿨더니) 고양이가 전보다 몸을 더 긁기 시작했다"라는 고민을 털어놓곤 하시는데요. 간혹 고양이가 특정 단백질에 특이 반응을 일으켜 가려움증을 일으키는 경우가 있습니다. 흔히 이를 '식이 알레르기'라고 부르지요.

그래서 고양이가 어릴 때 다양한 단백질 원료의 사료를 급여해보고 반응을 꼼꼼히 기록해 놓으면, 나중에 사료를 정착하거나 식이 알레르기의 원인을 파악하는 데 큰 도움이 될 수 있습니다. (무엇보다도 불필요한 검사를 건너뛸 수 있으니 병원비를 많이 아낄 수 있지요!) 또한 식이 알레르기의 원인이 사료에만 있는 것은 아니기 때문에, 평소에 급여하는 간식의 종류와 그 원료도 미리 확인하는 편이 좋습니다.

앞서 털의 90%는 아미노산으로 구성되어 있다고 말씀드렸지요? 고양이의 털 상태에 따라 필요한 단백질 함량이 달라지기 때문에 내 고양이가 털이 긴 편인지, 빠지는 털은 얼마나 되는지 주의 깊게 살펴보실 필요가 있습니다. 성묘용 사료는 보통 26% 이상의 단백질을 함유하고 있는데, 장모종 고양이의 경우 단백질 함량이 그보다 높은 사료(33% 이상)를 급여해주시는 것이 좋습니다. 또한 털이 많이 빠지는 환절기(3~5월, 9~10월)에는 헤어볼과 피모에 대한 영향까지 확인해보셔야 합니다. 사료를 고르실 때에는 항상 고양이의 피부와 털이 단백질의 함량과 품질에 영향을 받을 수 있다는 사실을 참고하시면 좋겠지요.

지금까지 살펴본 내용을 정리해보면 다음과 같습니다. 첫째, 동물성 단백질과 식물성 단백질의 아미노산 함량에는 큰 차이가 없습니다. 둘째, 고양이 사료의 영양 성분표를 확인할 때에는 사용 원료의 순서에 연연하지 말고 고양이에게 알레르기를 일으킬 만한 원료는 없는지 더 신

─ 가려움증, 식이 알레르기가 원인이 아닐 수 있어요!

가려움증의 원인은 식이 알레르기 외에도 다양합니다. 피부 질환은 주로 외부 환경에서 세균을 접촉하거나 곰팡이로 인해 발병되는 경우가 많습니다. 기생충 등이 원인이 되어 감염을 일으키기도 합니다. 특히 '집먼지진드기(House dust mite)'로 인해 생기는 아토피 질환이 고양이에게 심한 가려움증을 유발하기도 합니다. 이밖에도 내분비질환으로 인해 가려움을 느끼는 경우도 있으며, 과도하게 그루밍을 하는 등의 행동 질환이 피부 질환으로 발전하기도 합니다. 또한 실내에서 생활하는 고양이들 중에서는 새로 산 가구류에 민감하게 반응하는 고양이도 드물게 있을 수 있습니다.

이처럼 가려움증의 증상은 그 원인이 다양하기 때문에, 고양이가 몸을 심하게 긁는 행위를 발견하셨다면 동물병원에 내원하여 그 원인을 빠르게 파악하는 것이 가장 좋은 방법입니다. 이때 그동안 먹였던 사료, 간식의 종류와 양을 꼼꼼히 기록하여 주치의에게 보여주시면 진단의 정확도를 훨씬 높일 수 있습니다.

경 써서 살펴보는 게 낫습니다. 사료 회사의 고단수 마케팅에 속지 않고 내 고양이에게 딱 맞는 사료를 선택하고 싶다면, 위의 두 가지 사실을 잘 기억해 두셔야 합니다.

건강을 유지하려면 꼭 필요해 **지방**

● 지방은 억울합니다!

사람뿐 아니라 동물 먹거리에서도 높은 관심을 받고 있는 영양소, 바로 지방입니다. 비만의 원인으로 자주 언급되어서인지 지방은 부정적인 요소로 인식되곤 하는데요. 그러나 지방은 고양이가 반드시 섭취해야 하는 '지방산Fatty Acid' 성분을 포함하고 있어, 많은 영양제에서 꼭 함유되어야 할 영양소로 꼽히기도 한답니다.

지방은 g당 약 9kcal의 칼로리를 만들어내는 영양소로, 탄수화물보다 (g당 4kcal를 생성) 높은 칼로리를 만들어냅니다. 그래서 많은 분이 지방을 '비만을 유발하는 주범'으로 인식하고 있으며, "지방함량이 많은 사료는 안 주는 것이 좋지 않겠느냐"라며 급여를 꺼리시기도 합니다. 하지만

─ **칼로리·에너지·열량은 모두 같은 의미예요!** ───────────
'칼로리'와 '에너지' 그리고 '열량'은 표기만 다를 뿐 모두 동일한 의미로 쓰입니다. 이 책에서는 독자님들의 혼선을 막고자 해당 용어를 '칼로리'로 통일하여 표기했습니다.

지방은 사료 포장지의 영양 성분표에서 단백질 다음으로(두 번째)로 표기될 만큼 고양이 몸에서 중요한 역할을 담당하며 몇몇 질병을 치유하는 데 도움을 주기도 합니다. 이번 챕터에서는 지방에 대한 오해를 넘어 고양이의 몸과 지방의 관계에 대한 모든 것을 설명해드리겠습니다.

● 고양이를 지키는 착한 지방: 오메가3지방산

앞서 지방은 단순히 에너지를 내는 원료로서의 역할뿐 아니라, 여러 측면에서 고양이 건강에 중요한 역할을 담당하기도 한다고 말씀드렸지요. 그 중심에는 '지방산'이라고 불리는 지방 성분이 있습니다. 지방산은 크게 '불포화지방산'과 '포화지방산'으로 나뉘는데요. 불포화지방산에는 요즘 많이 언급되는 '오메가3(EPA+DHA)'와 '오메가6' 지방산이 포함되어 있습니다.

특히 오메가3지방산은 고양이 처방식에서 빠지지 않고 등장하는 단골 영양소이자, 고양이의 균형 잡힌 건강을 유지하기 위해 꼭 챙겨주셔야 하는 필수 영양 성분입니다. 오메가3지방산의 주요 기능은 다음과 같습니다.

오메가3지방산 EPA+DHA의 기능

● **혈류량 증가: 심장·신장질환, 고혈압 완화에 도움을 줌**
혈관내피를 확장하여 혈관 확장 및 혈류량 증가 효과

● **항염증 작용: 피부질환 증상 완화에 도움을 줌**
피부질환 발병 시 NSAID 계열의 소염 작용, 항염증 작용

• 동통 완화: 관절질환 등의 통증 완화에 도움을 줌
  소염 작용, 프로스타글란딘(prostaglandin)의 합성을 저해하여 진통 효과

혈류량 문제, 염증, 통증 등은 대부분의 질환에서 공통적으로 나타나는 증상인데요. 결국 오메가3지방산을 이루고 있는 EPA와 DHA라는 성분은 위 세 가지 증상을 완화하는 데 도움을 주기 때문에, 오메가3지방산은 각종 처방식에서 자주 등장할 수밖에 없는, 중요한 영양소라고 할 수 있겠습니다.

그렇다 보니 요즘은 처방식(사료)이나 영양제에 오메가3지방산의 함량이 자세히 표시되는 경우가 많습니다. 10여 년 전까지만 해도 오메가3지방산은 그저 "~%가 함유되어 있다" 정도로만 표기되었다면, 지금은 다릅니다. EPA+DHA(오메가3지방산)이 kg당 몇 mg이 함유되어 있는지(~mg/kg), 혹은 영양제 알당 몇 mg이 함유되어 있는지(~mg/tablet) 등 조금 더 구체적으로 표기되어 있습니다.

Guaranteed Analysis

1 teaspoon = 5.0mL(4,600mg)
1 teaspoon contains:

Crude fat(min.)	99.4%
Moisture(max.)	0.1%
Eicosapentaenoic Acid(=EPA)(min.)	16%
Docosahexaenoic Acid(=DHA)(min.)	11%
Total Omega-3 Fatty Acids(min.)	33%

Supplement Facts

Special Ingredients (Per 1 chew)

EPA(Eicosapentaenoic Acid) : 540mg
DHA(Docosahexaenoic Acid) : 360mg
Vitamin E : 55 IU

영양제에 표기된 오메가3함량 라벨 예시

자, 지금까지 오메가3지방산의 EPA와 DHA라는 성분은 고양이의 처방식에서 거의 빠지지 않을 정도로 중요한 영양소이며, 체내에서 스스로 만들어낼 수 없기 때문에 외부 음식을 통해 섭취해야 한다고 말씀드렸습니다. 그렇다면 오메가3지방산 급여가 필요한 고양이에게 이 성분을 어떻게 먹이는 것이 좋을까요?

가장 간편한 방법은 아무래도 영양제를 급여하는 것이겠지요. 적정량의 오메가3지방산을 함유하고 있는 고양이 영양제는 이미 시중에서 많이 판매되고 있는데, 자세히 살펴보면 대부분 생선과 해조류 등에서 추출한 동물성 오일을 원료로 사용한다는 것을 알 수 있습니다. 그 이유는 다음과 같습니다.

식물성 오일에는 'ALA(알파 리놀렌산, 식물성 오메가3)'라는 성분이 들어 있는데, 이 ALA 성분은 체내 작용을 거쳐야만 EPA나 DHA 성분으로 전환됩니다. 하지만 문제는, 고양이 몸속에서 ALA를 EPA·DHA로 전환

― 오메가3지방산의 다양한 표기법 ―

"고양이 먹거리에 오메가3지방산이 얼마나 잘 들어 있는지 확인하고 싶었는데, 웬 이상한 기호와 영어만 잔뜩 보여 당황스러웠네요." 오메가3지방산은 논문이나 교과서마다 각기 다르게 표기되기 때문에 영양학을 처음 공부하시는 분이라면 상당한 혼란을 느끼실 수 있습니다. 아래 네 단어는 모두 오메가3지방산을 부르는 용어입니다. 고양이 먹거리를 살펴보실 때, 미리 알아두면 좋습니다.

● Ω3 혹은 n:3
● EFA(Essential Fatty Acid)
● EPA+DHA
● PUFA(Poly Unsaturated Fatty Acid)

시킬 수 있는 비율이 사람에 비해 현저히 낮다는 점입니다. 따라서 고양이의 체내에 오메가3지방산의 EPA·DHA 성분을 더 빠르게 흡수시키기 위해서는, 체내 전환 작용이 더딘 식물성 오일보다 동물성 오일을 급여하는 편이 훨씬 효과적이라고 볼 수 있겠습니다.

● 사료의 지방함량, 어느 정도면 적당할까?

몇몇 보호자께서 "어떤 사료를 먹이는 것이 좋을까요?" 하고 물으시면, 저는 이렇게 답변해드립니다. "지방함량을 잘 살펴보시고 사료를 선택하시는 게 좋아요."

사료를 선택하실 때 지방함량은 매우 중요하게 고려해야 하는 요소 중의 하나입니다. 구매하시려는 사료의 지방함량이 내 고양이의 비만지수BCS, Body Condition Score에 적합한지 잘 따져봐야, 고양이의 체중을 균형 있게 관리하는 데 도움이 되기 때문이지요.

그럼 어느 정도의 지방함량이 내 고양이에게 적절한 걸까요? 지방함량을 살펴보실 땐, 숫자 10, 15, 20을 기억하시면 됩니다.

대부분의 성묘용 사료는 15% 정도의 지방을 함유하고 있습니다. 사료마다 2~3% 차이가 날 순 있겠지만 15% 내외의 지방함량이라면 정상적인 일반 체형의 고양이에게 적합한 양이라고 봐도 됩니다. 만일 키우고 계신 고양이가 임신 혹은 수유 중인 어미 고양이이거나, 성장기 아기 고양이kitten라면 대체로 20% 안팎의 지방함량이 적당합니다. 한편 과체중 고양이, 비만 고양이의 체중 감량을 위해서는 지방함량이 10% 정도인 사료를 급여해주시길 권합니다.

다시 정리해보면 체중 감량이 필요할 땐 10, 일반 체형이면 15, 임신·수유묘와 어린 고양이는 20이 되겠군요. 쉽게 외우실 수 있겠지요?

과체중 / 비만 체형의 성묘	일반 체형의 성묘	임신 / 수유 중인 어미 고양이	중성화 수술을 받지 않은 아기 고양이(kitten)
10% 내외	15% 내외	20% 내외	

고양이 사례별 적정 지방함량(대략적인 권고 수치)

그런데 지방함량은 어느 정도까지 줄일 수 있을까요? 일명 '뚱냥이'라고 불릴 만한 고도비만 고양이에겐 '무지방 사료'를 급여해야만 할까요? 결론부터 말씀드리자면, 그렇진 않습니다. 최근 업데이트된 AAFCO, FEDIAF 기준에 따르면, 최소한의 지방함량은 9% 정도 됩니다. 췌장질환, 고지혈증, 지방대사장애 등에 사용되는 처방식의 지방함량도 모두 약 9%에 수렴합니다.

반면 적은 양으로 몸에 필요한 다량의 칼로리를 만들어내기 위해 오히려 지방함량을 늘리는 사례도 있습니다. 신장질환이나 간질환처럼 단백질을 제한해야 하는 경우에는 지방의 함량을 늘려서 대사에너지를 충족하곤 합니다. 또한 급히 회복해야 하는 경우나 장질환을 앓고 있는 경우에는 적은 양을 급여하고도 에너지를 빠르게 얻기 위한 목적으로 지방함량을 늘립니다. 따라서 고양이별 체형과 영양학적 특성을 고려하지 않고 "지방이 많으면 건강에 해롭고, 낮을수록 무조건 좋다"라는 식의 표현은 바르지 않습니다.

● 중성화 한 고양이를 위한 사료

실내 생활을 하는 고양이에게 가장 많이 하는 수술을 꼽자면, 중성화 수술이 아닐까 싶습니다. 중성화 수술은 잦은 발정기의 고통을 줄여주거나 자궁축농증, 고환암 등 여러 질환을 예방해 기대 수명치를 높여준다는 장점도 있지만 식이 관리와 운동 관리가 적절하게 이뤄지지 않으면, 3개월 이후 급격히 비만을 앓게 될 수 있다는 단점이 있습니다. 실제로 "중성화 수술을 받은 후 갑자기 비만 고양이가 되었어요."라는 보호자들의 후기는 인터넷에서 어렵지 않게 찾아볼 수 있습니다.

앞서 아기 고양이용^{kitten} 사료에는 대략 20%의 지방이 함유되어 있다고 말씀드렸는데요. 문제는 이 시기에 중성화 수술을 받은 고양이의 경우, 20%의 지방함량은 매우 부담되는 수치라는 점입니다. 설상가상으로 평소에 자율 급식으로 사료를 먹던 고양이라면, 아마도 중성화 이후 급격하게 비만 증상을 보일 가능성이 큽니다.

따라서 생후 6~8개월 내에 중성화 수술을 받은 고양이라면, 지방함량이 20%보다 적은 식단으로 조절해주는 것이 좋습니다. 최근에는 비만을 방지하기 위해 '중성화 수술을 받은 고양이용 사료'도 출시되고 있으니 잠시 해당 사료로 바꿔주시는 것도 방법이겠지요. 또한 중성화 수술 이후에는 자율 급식보다 보호자님이 정해진 시간에 적정한 양의 음식을 급여해주시는 '제한 급식'을 지켜주시는 편이 좋은데요. 한꺼번에 많은 양의 사료를 먹는 것보다, 조금씩 자주 사료를 먹는 것이 비만 예방에 도움이 되기 때문에, '피딩feeding' 장난감이나 자동 급식기를 활용하는 방법도 적극적으로 권장합니다.

한번 늘어난 체중은 웬만큼 노력하지 않고서는 원상태로 회복되기 어렵습니다. 비만은 고양이의 관절을 비롯해 체내 각종 장기에 나쁜 영향을 끼칠 수 있는 위험한 질병입니다. 내 고양이도 중성화 수술을 받은 후에는 순식간에 비만 고양이가 될 수 있다는 점을 꼭 기억해주시면 좋겠습니다.

── 중성화 수술 이후에는 왜 뚱냥이가 될 위험이 큰 걸까? ────

중성화 수술을 하게 되면 성호르몬을 만들어내던 기관이 제거되므로 그만큼 에너지 소모량이 줄어듭니다. 또한 성호르몬이 제거되면서 눈에 띄게 활동량이 줄어들거나 식욕이 높아지는 등 생활 습관에 변화가 발생하게 됩니다. 따라서 중성화 수술 이후에도 지방 함량이 높은 기존의 식이(키튼 사료 등)를 그대로 먹이게 되면 비만 고양이가 될 가능성이 커지는 것이지요.

● 사료 알갱이가 촉촉한 이유, 지방 때문이었어?

다들, 야외에서 삼겹살을 구워 드셨던 경험이 있으시지요? 삼겹살을 구울 땐 고기에서 지방이 액체처럼 흘러나오지만, 오랜 시간이 지나고 난 후 남은 삼겹살을 살펴보면 고기 주변에 촛농처럼 하얗게 굳어버린 지방을 확인할 수 있습니다. 이것은 열을 가하게 되면 액체 상태로 녹다가 주위 온도가 낮아지면 고체로 굳어버리는 동물성 지방의 특성 때문입니다. 반면 식물성 지방은 온도와 상관없이 액체 상태로 존재합니다. 주방에 있는 식용유를 생각하시면 이해하기 편하실 겁니다.

다시 고양이 사료로 돌아와 볼까요? 사료에는 한 가지 종류의 지방만 들어가는 것이 아닙니다. 다양한 필수지방산과 불포화지방산의 비율을 맞추기 위해 동물성과 식물성 지방이 모두 원료로 들어가지요. 또한 사료 제작 마지막 단계(알갱이 성형이 끝나고 난 후)에서는, 고양이의 기호성을 높이기 위해 지방을 녹여 알갱이 겉면을 코팅하기도 합니다. 이것이 바로 기온이 높은 여름철이나 겨울철의 따뜻한 실내에서 사료를 만질 때 '촉촉하다'는 느낌이 드는 이유입니다. 사료에 함유되어 있거나 겉면에 코팅된 지방 성분의 일부가 주변 온도에 녹아 액체 상태로 바뀌기 때문이지요.

특히 지방함량이 높은 사료의 경우, 실내 난방이 되는 환경에서 조금씩 지방 성분이 녹아내려 사료 바닥에 고이는 경우도 있는데요. 이를 섭취할 경우 고양이 건강에 큰 문제가 생기지는 않습니다만, 민감한 고양이라면 변이 물러지거나 설사 등을 유발할 수 있어 주의해야 합니다. 따라서 사료를 보관하실 때에는 방바닥이 아닌, 직사광선이 닿지 않는 선선한 곳에 두는 것이 가장 안전합니다.

이용도는 낮지만 중요한 **탄수화물**

● 탄수화물은 고양이에게 필요 없는 영양소일까?

탄수화물은 단백질과 동등하게 g당 4kcal의 칼로리를 만들어내는 3대 영양소에 포함되지만, 단백질·지방과는 달리 사료 포장지에 함량이 표기되어 있지 않습니다. 따라서 사료 포장지만 보고서는 탄수화물이 얼마나 들어 있는지 제대로 확인하기 어렵습니다.

이렇다 보니 많은 고양이 보호자께서 탄수화물을 별 영양가 없이 영양소의 빈 공간을 채우는 '필러Filler' 물질로 인식하시곤 합니다. 또한 값싼 옥수수나 보리 등이 탄수화물의 주원료로 쓰이기 때문에 "탄수화물이 많이 들어갈수록 영양학적으로 좋지 못한 식품이 아니냐"라고 걱정하시는 분도 있습니다. 따라서 이번 챕터에서는 탄수화물이 고양이 몸에서 어떤 역할을 하는지, 악영향을 끼치진 않는지 자세히 살펴보도록 하겠습니다.

단순당			다당류/복합당류 (10개 이상의 당)	
단당류 (1개의 당)	이당류 (2개의 당)		식물성	동물성
글루코스 Glucose	맥아당 Maltose	올리고당류 (3~9개의 당)	전분 Starch	글리코겐 Glycogen
프럭토스 Fructose	락토스 Lactose			
갈락토스 Galactose	수크로스 Sucrose		식이섬유 Dietary fiber	동물성 섬유 Animal fiber
	트레할로스 Trehalose			

탄수화물의 분류

위의 표처럼 탄수화물은 크게 '단순당'과 '올리고당', '복합당(식이섬유, 전분 등)'으로 나뉘는데요. 각기 다른 성질을 지닌 탄수화물을 똑같은 양

─ 고양이 사료의 일반적인 탄수화물 함량 ──────────────

일반적으로 고양이용 사료에는 30~35%의 탄수화물이, 개 사료에는 40~45%의 탄수화물이 들어 있습니다. 고양이 사료의 탄수화물 수치가 개 사료보다 낮은 이유는 고양이의 단백질 요구량이 개의 요구량보다 10% 정도 많기 때문입니다. 고양이가 먹을 수 있는 양은 한정되어 있으므로, 칼로리 섭취 등을 조절하기 위해서 단백질함량을 높이고 그만큼 탄수화물 수치를 낮춘 것이지요(자세한 내용은 앞의 '단백질' 챕터를 참고해주세요).

앞서 말씀드린 것처럼 사료 포장지의 영양 성분표에는 탄수화물의 구성 성분과 그 함량이 제대로 표기되어 있지 않습니다. 하지만 탄수화물 함량은 성분표에 적힌 내용을 활용하여 대략적으로 유추할 수는 있는데요. 그 방법은 아래와 같습니다.

탄수화물(%) = 100 − 조단백(%) − 조지방(%) − 수분(%) − 조회분(%) − 조섬유(%)

으로 섭취하더라도, 소화되는 정도와 분변지수 등에서는 큰 차이가 납니다. 아무리 같은 양의 탄수화물을 함유하고 있어도 탄수화물의 종류에 따라 사료의 특성이 엄연히 달라질 수 있다는 뜻이지요. 따라서 사료별로 탄수화물 함량을 찾아 비교하는 일은 큰 의미가 없을지도 모릅니다. 단순히 탄수화물이 많이 함유되었다고 해서 '좋지 않은 사료'라고 단정 지을 수 없는 것입니다.

● 식이섬유와 프리바이오틱스(Prebiotics)

탄수화물에 해당하는 대표적인 성분, '식이섬유^Dietary Fiber'의 기능을 먼저 살펴보도록 하겠습니다.

식이섬유의 4가지 기능

- 다른 영양소의 흡수를 억제하는 데 도움을 줌
  비만, 당뇨 처방식에 활용됨
- 칼로리 없이도 포만감을 유지하는 데 도움을 줌
  비만 처방식에서 활용됨
- 분변지수 개선에 도움을 줌
  소화기계 질환 처방식, 성장기 고양이 사료 제조에 활용됨
- 헤어볼의 배출에 도움을 줌
  고양이 사료 제조에 활용됨

식이섬유는 대부분 변으로 배출됩니다. 이렇다 보니 예전엔 칼로리가 없는 쓸모없는 영양소로 취급받았지만, 사람과 동물 모두 비만과 성인

병이 문제가 되는 현재엔 건강보조식품의 원료로 환대받고 있습니다. 특히 적은 양의 섭취로도 쉽게 포만감을 주면서도 칼로리가 낮기 때문에 식이섬유는 비만 고양이를 위한 처방식에 주로 사용되기도 한답니다. 참, 비만 처방식을 먹은 후 고양이의 분변이 늘어났다고 해서 '내가 너무 많이 먹인 건 아닐까?' 하고 걱정하실 필요는 없습니다. 배변 활동이 원활하도록 돕는 것이 식이섬유의 특성이니까요.

두 번째로 몸에 이로운 역할을 하는 탄수화물은 '프리바이오틱스Prebiotics'입니다. 프리바이오틱스는 장내에 서식하는 다양한 균(정상 세균총)의 균형을 맞춰 장내 면역력을 튼튼하게 하거나 몸속 pH 농도를 조절하는 등 체내에서 다양한 역할을 합니다. 덕분에 프리바이오틱스는 소화기계 질환의 보조제 및 영양제, 처방식에서도 많이 쓰이곤 하지요.

대표적인 프리바이오틱스로는 '프럭토올리고당F.O.S'과 '만난올리고당M.O.S', '이눌린' 등을 꼽을 수 있는데요. 프럭토올리고당의 경우 장내 다양한 정상균에 에너지를 전달해주는 역할을 담당하며, 만난올리고당

— 식이섬유가 풍부한 단호박과 고구마, 고양이에게 줘도 괜찮을까?

단호박과 고구마는 식이섬유가 풍부한 식물성 원료로, 포만감을 유지하는 데 상당히 도움이 됩니다. 하지만 다른 채소들보다 열량이 높기 때문에 고양이의 혈당 수치를 빠르게 높일 수 있어 과하게 급여하지 않도록 주의해야 합니다. 당뇨 질환을 앓고 있거나 나이가 많은 고양이라면 오히려 피하는 것이 좋습니다. 따라서 단호박이나 고구마를 급여할 때에는 고양이의 일일 탄수화물 권장량(35% 정도)을 넘지 않도록 양을 조절해서 주는 것이 중요합니다.

은 각종 감염증을 유발하는 병원균이 장에 서식하는 것을 막아주는 역할을 담당하는 것으로 알려져 있습니다. 이 때문에 많은 사료 회사에서 프럭토·만난올리고당을 성장기 고양이용 사료나 소화기계 처방식을 제조하는 데 쓰고 있습니다.

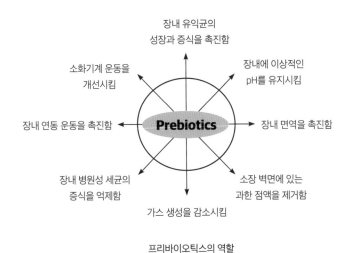

프리바이오틱스의 역할

또한 프리바이오틱스는 장질환 외에 고양이의 당뇨 처방식에도 활용됩니다. 당뇨를 앓고 있는 고양이가 음식물을 섭취하게 되면 혈당이 급격하게 높아지는데요. 이를 방지하기 위해 당뇨 처방식은 프리바이오틱스와 같이 혈당지수가 낮은 원료를 활용하여 다른 성분의 비율을 조절하는 방식으로 설계됩니다. 특수 질환을 앓고 있는 고양이의 처방식을 제조하는 데 탄수화물의 다양한 성분이 요긴하게 쓰이기도 한다는 사실, 이제 잘 이해가 되시지요?

간혹 몇몇 보호자가 "고양이는 육식동물이므로 탄수화물 섭취는 필요 없다"라는 식의 주장을 하기도 합니다. 하지만 이는 전제부터 잘못된 주장입니다. 고양이의 경우 탄수화물의 이용도가 비교적 낮을 뿐, 인간을 포함한 모든 동물이 건강하게 살아가는 데에는 적정량의 탄수화물이 반드시 필요하기 때문입니다.

특히 고양이는 혈당을 스스로 조절하기 어려운 동물에 속합니다. 고혈당도 문제이지만 저혈당도 문제가 되지요. 당을 만들어내는 최우선 영양소는 탄수화물입니다. 그러니 탄수화물을 배제하는 것이 아니라 잘 활용해야 건강을 유지할 수 있습니다. 헤어볼을 배출하고, 변 지수를 조절하며, 비만을 예방·치유하는 데 꼭 필요한 성분이기 때문입니다. 탄수화물이 3대 영양소에 포함된 데에는 다 이유가 있는 셈이지요.

"탄수화물은 고양이에게 필요 없는 영양소인가요?"라는 물음에, 이젠 다음과 같이 명확하게 답변드릴 수 있겠습니다. "아뇨. 고양이에게 탄수화물은 필수적인 영양소입니다."

많아도 문제, 적어도 문제 비타민

비타민은 단백질, 탄수화물, 지방처럼 에너지를 만들어내는 영양소는 아니지만 생명을 유지하는 데 없어선 안 될 필수 영양소입니다. 고양이의 몸에는 아주 적은 양의 비타민 성분이 필요하지만, 적은 양으로도 고양이 몸에 꼭 필요한 기능을 수행하기 때문에 반드시 비타민을 잘 섭취하도록 챙겨줘야 합니다.

비타민은 단위가 매우 작아 그 무게나 질량을 측정하기가 어려워, mg 등 무게를 나타내는 단위보다는 비타민의 '효능'을 나타내는 국제 표준 단위'I.U.International Unit'를 주로 사용합니다. 또한 비타민은 아주 적은 양으로도 고양이 건강에 치명적인 영향을 미칠 수 있기 때문에, 영양학자들은 고양이에게 필요한 비타민의 최소·최대량을 정확한 수치로 제시하고 있는데요. 이 부분은 아래에서 조금 더 자세히 안내해드리겠습니다.

● 고양이에게 비타민이 부족하면 생기는 일

앞서 말씀드린 것처럼 비타민은 고양이 몸에서 큰 비중을 차지하고 있지는 않지만, 부족한 경우 생명에 영향을 끼칠 수 있는 중요한 영양소입니다. 그래서 입으로 음식을 먹을 수 없는 상태의 고양이에게 수액을 놓을 때 수용성 비타민(주로 비타민 B군) 수액을 함께 투여하기도 합니다. 식도 튜브를 장착하거나 장으로 직접 영양소를 공급하는 경우에도 필수 비타민은 꼭 포함되어 있답니다.

비타민은 사료의 영양 성분표에서 단백질, 지방, 조회분, 조섬유, 칼슘, 인 다음으로 표기되는 영양소입니다. 성분표에는 주로 비타민 A·D·E 정도가 표기되지만, 우리나라의 경우 이마저도 자세히 나와 있지 않은 경우가 많습니다. 미국이나 유럽과 달리 우리나라의 현행 사료 관리법상, 비타민은 '반드시 표기해야 할 영양소'에 포함되어 있지 않기 때문이지요. 따라서 성분표에 표기되지 않은 비타민 함량이 궁금하시다면, 사료 업체의 홈페이지에 접속하셔서 꼼꼼히 확인해보시길 권합니다.

물론 내 고양이의 먹거리를 제대로 확인하기 위해서는 고양이에게 필요한 비타민의 최소·최대 함량을 미리 알고 있는 것이 좋겠지요. 이번엔 FEDIAF에서 제시한 비타민 함량 가이드라인을 한번 살펴보도록 하겠습니다.

고양이	단위	최소 요구량(100g 기준)		어린 고양이, 임신기	최대량(100g 기준)
		성묘(MER별 가이드라인)			(L) = EU 법적 제한선 (N) =영양학적으로 안전한 한계선
		75kcal/kg$^{0.67}$	100kcal/kg$^{0.67}$		
비타민 종류					
비타민 A	IU	444.00	333.30	900.00	어린 고양이, 성묘 : 40,000 (N) 임신한 고양이 : 33,333 (N)
비타민 D	IU	33.30	25.00	28.00	227 (L) 300 (N)
비타민 E	IU	5.07	3.80	3.80	
비타민 B3 (나이아신)	mg	4.21	3.20	3.20	
비타민 B9 (엽산)	μg	101.00	75.00	75.00	

※ MER : 하루 칼로리 요구량(Maintenance Energy Requirement)
※ 75kcal/kg$^{0.67}$: 과체중 (for Heavy cat, 6kg 이상)
※ 100kcal/kg$^{0.67}$: 보통체형 (for Light and normal cat, 2~4kg)

고양이의 비타민 함량 가이드라인(FEDIAF, 2020)

위의 표에는 비타민 A, 비타민 D, 비타민 E의 최소 유지량과 최대량에 대한 범위가 지정되어 있습니다. 미국 식품의약국FDA의 보고서에서 '비타민 함량 부족 혹은 과잉'을 사유로 고양이 사료가 리콜된 사례가 종종 발견될 만큼, 비타민 함량은 고양이 사료를 만드는 데 중요하게 고려되는 요소입니다.

특히 습식캔이나 습식 사료의 경우 수분함량이 많기 때문에 비타민 함량을 조절하기가 더욱 어렵습니다. 비타민은 기본적으로 완전 건조 상태Dry Matter를 기준으로 함량을 점검하므로, 수분함량이 많을수록 그 함량을 맞추기 어려워지기 때문입니다. 따라서 사료 회사에서는 주식캔을 만들 때 더 높은 레벨의 품질 관리를 할 수밖에 없는 것이지요.

고양이는 섭취한 음식물에 들어있는 비타민 A를 체내에서 합성시키는 능력이 사람보다 떨어집니다. 한가지 예를 들어보겠습니다. 당근, 호박 등의 녹황색 채소에는 '베타카로틴Beta Carotene'이라는 성분이 풍부하

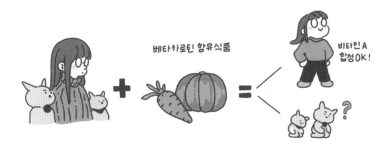

고양이는 스스로 비타민A를 합성하지 못해요!

게 들어 있는데, 이 베타카로틴은 체내 합성을 통해 비타민 A로 전환됩니다. 하지만 고양이에게는 베타카로틴으로부터 비타민 A를 합성시키는 효소Carotene Dioxygenase가 없기 때문에 아무리 베타카로틴이 풍부한 원료를 섭취한다 하더라도, 스스로 비타민 A를 만들어낼 수 없게 되는 것이지요.

비타민 D의 경우도 비슷합니다. 보통 비타민 D는 피부에 있는 '7-DHC'라는 효소가 외부의 '자외선UV light'에 노출될 때 합성되는데요. 이 때 다른 개체와 달리 고양이 체내에서는 '7-DHC' 효소가 지나치게 활성화되기 때문에, 자외선으로부터 비타민 D를 충분히 합성시키지 못하고 오히려 다량의 콜레스테롤을 만들어냅니다. 따라서 고양이는 음식을 통해 직접 섭취해야만 몸에 필요한 비타민 D 함량을 충족할 수 있습니다.

비타민 B3로 불리는 '나이아신Niacin'도 마찬가지입니다. 나이아신은

고양이가 비타민D를 합성하지 못하는 이유

트립토판이라는 아미노산으로부터 합성되는 비타민입니다. 하지만 고양이 체내의 또 다른 특수효소Picolinic Carboxylase가 과다하게 활성화되어 합성 작용을 방해하기 때문에, 나이아신을 충분히 만들어내지 못하고 '글루타메이트Glutamate'라는 물질만 생성하게 되지요. 결국 비타민 B3 나이아신 역시 외부 섭취를 통해 적정량을 충족해주어야 합니다.

이처럼 고양이의 생리적 특성상 체내에서 스스로 비타민을 만들어내는 데에는 한계가 있기에, 몸에 필요한 만큼의 비타민을 골고루 먹이기 위해선 반드시 보호자가 세심하게 보살펴야 합니다.

● 비타민을 너무 많이 먹여도 안 되는 이유

비타민 D와 '레티놀'이라고도 알려진 비타민 A는 장기간에 걸쳐 과다하게 섭취하게 되면 고양이 건강에 문제가 생길 수 있습니다. 검증되지 않은 식단이나 임의로 영양제를 너무 많이 급여하는 경우엔 어떤 부정적인 결과가 발생할 수 있을까요?

다음 페이지에 있는 고양이 '또또'와 '디디'의 진료차트를 통해 알아보겠습니다.

'또또'의 사례처럼, 비타민 A의 과잉증은 바로 알아채기 쉽지 않습니다. 대부분의 경우 고양이가 절뚝거리며 걷거나 보호자가 고양이를 안았을 때 아파하는 모습을 포착한 후에야 문제를 인지하곤 하시지요. 동물병원을 방문해도 여러 검사를 거쳐야 비로소 그 원인이 '비타민 A의 과잉 섭취'에 있다는 것을 알 수 있습니다.

비타민 A를 너무 많이 섭취한 고양이 '또또'의 진료일지

- **증상** - 오랫동안 숨어서 나오지 않음. 관절에 문제가 있는 듯 절뚝거림.
  - 목이 뻣뻣한 것 같은(경추 마비) 증상을 보이기도 함.
  - 고양이에게 뭔가 문제가 있음을 최근 발견한 상태.
- **사유** - 사람용 비타민 영양제를 섭취한 적이 있음.
  - 평소에 먹이던 생식 레시피에 지나친 대구 간유(cod liver oil)가 첨가
    된 것으로 보임.
- **소견** - 일부 뼈에 골절이 생긴 듯. 새로운 뼈 형성이 힘든 상태인 것으로
    보임.
  - 비타민 A 과잉증이 의심됨.
- **치유법** - 밸런스 잡힌 식단으로 교체하여 급여할 경우 일부 증상이 개선될
    수 있음. 다만 이미 손상된 부분은 회복되지 않음.

비타민 D를 너무 많이 섭취한 고양이 '디디'의 진료일지

- **증상** - 갑자기 구토 증세를 보임.
  - 평소보다 밥을 잘 안 먹고(식욕 부진) 체중도 줄어든 상태.
  - 이전보다 물을 자주 마시고 배뇨도 잦아짐.
- **사유** - 비타민 D가 많이 함유된 음식과 비타민 영양제를 장기적으로 급여.
  - 쥐약(비타민 D3 과다함유) 섭취 가능성 있음
  - 리콜된 사료를 급여한 적 있음
- **소견** - 혈액검사와 소변검사를 한 결과 비타민 D를 장기간 과다하게 섭취
    한 것으로 보임.
- **치유법** - 리콜된 사료는 즉시 급여를 중단하기로 함.
  - 고양이의 상태를 좀 더 면밀히 점검해 약물치료를 병행

※위 진료일지는 FDA에서 발표한 '비타민 독성 사례'들을 재구성하여 작성하였습니다.

따라서 발병하기 전에 예방하는 것이 최선의 방법입니다. 직접 생식이나 영양제를 챙겨주시는 경우, 비타민 A를 지나치게 함유하고 있진 않은지 주의 깊게 살펴봐주세요. 또한 고양이는 높은 곳이라면 어디든지 쉽게 올라갈 수 있으므로 비타민 A가 많이 포함된 원료(녹황색 채소 등)는 가급적 고양이 눈에 잘 띄지 않는 곳에 보관하는 것이 좋습니다.

비타민 D도 마찬가지입니다. 비타민 D를 너무 많이 섭취할 경우 고양이 '디디'의 경우처럼 약간의 식욕 결핍, 체중 감소, 구토 등의 증상을 유발할 수 있는데요. 비타민 D 역시 최소·최대 함량이 정해져 있는 데다, 그 범위가 매우 좁기 때문에 주의해야 합니다. 특히 비타민 D는 칼슘, 즉 뼈와 관련이 있는 영양소이므로 성장기 고양이를 키우고 계시다면 반드시 함량 등을 점검하시는 편이 좋습니다.

다만 비타민 성분의 함량이 제대로 표시되어 있지 않은 경우가 많습니다. 따라서 주기적으로 동물병원에 방문해 먹이고 계신 식단(사료, 주식캔, 영양제 등)에 대한 문진을 받아보는 것이 가장 안전합니다.

― **고양이한테 사람이 먹는 영양제를 줘도 되나요?** ―――――――――

비타민과 관련한 상담을 하다 보면 "고양이에게 사람이 먹는 영양제를 먹여도 되나요?"라는 질문을 많이 받게 됩니다. 결론부터 말씀드리자면, 권하고 싶지 않습니다. 기본적으로 사람과 고양이의 체중은 차이가 많이 나기 때문에, 아무리 작은 알약 한 개라도 고양이 건강엔 큰 위협이 될 수 있습니다. 고양이에게 필요한 비타민의 최대수치를 훌쩍 넘길 가능성이 크기 때문이지요.

따라서 영양제나 비타민 보조제를 고양이에게 급여하고 싶으시다면, 반드시 담당 주치의와 상의하시기 바랍니다.

● '항산화제'란 무엇일까?

'항산화제', 사람용 비타민 드링크와 영양제 때문에 많이 익숙한 성분이지요? 비타민 중에서는 비타민 C, 비타민 E가 대표적인 항산화제에 속합니다. 항산화제는 신체에서 노화의 진행을 가속시키는 '활성산소Free radical'를 무력화하는 물질로, 활성산소를 환원시켜서 세포나 DNA의 파괴를 막는 역할을 합니다. 덕분에 항산화제의 함량은 노령묘 전용 사료를 만드는 데 굉장히 중요한 요소로 고려되곤 합니다.

또한 대부분의 영양제에는 비타민 C와 비타민 E 성분이 함께 포함되어 있는데요. 비타민 C와 비타민 E를 함께 섭취하면 노화를 방지하는데 큰 상승 효과를 불러일으킬 수 있습니다. 항산화 성분이 들어 있는 비타민 E는 체내의 활성산소를 환원시키는 역할을 하며 비타민 C를 만나게 되면 재사용이 가능해집니다. 두 비타민의 상호작용을 통해 비타민 E가 다시 활성화되는 것이지요. 따라서 나이 든 고양이를 키우고 계시다면 항산화 성분이 포함된 먹거리를 꼭 챙겨주시는 편이 좋습니다.

사료의 정착을 결정하는 **미네랄과 미량원소**

미네랄은 함유량 측면에서 다른 영양소들에 비해 매우 작은 비중을 차지하는 영양소입니다. 칼슘, 인 성분을 제외하곤 사료 포장지의 영양 성분표에 표기되어 있지 않을 정도이지요. 하지만 미네랄 섭취량이 과잉 혹은 부족한 상태로 오랜 시간이 지나면, 과잉증과 부족증이 발생해 생명을 유지하는 데 지장이 생길 수 있습니다. 그만큼 미네랄은 고양이 건강을 지키는 데 없어선 안 될 영양소이며, 사료의 장기 급여 가능 여부를 판단할 수 있는 중요한 영양소입니다.

미네랄의 적정 함량은 동물 개체에 따라, 생리적 단계에 따라 다른데요. AAFCO와 FEDIAF 모두 고양이용 사료 제조 시 지켜야 할 미네랄 권고 수치를 명시하고 있습니다. 아래 표는 FEDIAF가 권고하는 미네랄의 최대·최소 함량 가이드라인입니다.

고양이	단위	최소 요구량(100g 기준)			최대량(100g 기준)
		성묘(MER별 가이드라인)		어린 고양이, 임신한 경우	(L) = EU 법적 제한선 (N) =영양학적으로 안전한 한계선
		$75kcal/kg^{0.67}$	$100kcal/kg^{0.67}$		
미네랄					
칼슘 Calcium	g	0.53	0.40	1.00	
인 Phosphorus	g	0.35	0.26	0.84	
칼슘/인 비율 Ca/Pratio		1/1			어린 고양이 : 1.5/1 (N) 성묘 : 2/1 (N)
칼륨 Potassium	g	0.80	0.60	0.60	
나트륨 Sodium	g	0.10	0.08	0.16	
염화물 Chloride	g	0.15	0.11	0.24	
마그네슘 Magnesium	g	0.05	0.04	0.05	
미량원소					
구리 Copper	mg	0.67	0.50	1.00	2.80 (L)
아이오딘(요오드) Iodine	mg	0.17	0.13	0.18	1.10 (L)

철분 Iron	mg	10.70	8.00	8.00	68.18 (L)
망가니즈 Manganese	mg	0.67	0.50	1.00	17.00 (L)
셀레늄(습식) Selenium (wet diets)	μg	35.00	26.00	30.00	56.80 (L)
셀레늄(건식) Selenium (dry diets)	μg	28.00	21.00	30.00	56.80 (L)
아연 Zinc	mg	10.00	7.50	7.50	22.70 (L)

※ MER : 하루 칼로리 요구량(Maintenance Energy Requirement)
※ 75kcal/kg$^{0.67}$: 과체중 (for Heavy cat, 6kg 이상)
※ 100kcal/kg$^{0.67}$: 보통체형 (for Light and normal cat, 2~4kg)

고양이의 미네랄·미량원소 함량 가이드라인(FEDIAF, 2020)

● 칼슘과 인: 홈메이드 식단에서 가장 중요한 것!

"생식 등 홈메이드 식단을 먹이는 게 사료보다 고양이 건강에 더 좋지 않나요?" 진료 현장에서 많이 접하는 질문입니다. 보호자께서 영양소를 어떻게 배합하신 후 음식을 만드셨는지 알 수 없는 상태라, 바로 대답하기 참 곤란한 질문이기도 합니다. 고양이에게 알맞은 식단을 맞춰주셨을 때엔 문제될 것이 없겠지만, 미네랄의 단위는 mg을 사용할 정도로 작은 편이며 최소·최대량의 범위가 좁기 때문에 일반 가정에서 미네랄의 적절 함량을 맞추긴 현실적으로 어려울 수밖에 없습니다. 자칫 잘못하면 적정량을 넘어서는 '위험한 식단'을 만드실 수도 있어 각별히 주의해야 합니다.

또한 '칼슘'과 '인'의 비율을 맞춰주시는 일도 굉장히 까다로운 작업입니다. 칼슘과 인의 비율은 1:1에서 최대 2.5:1의 범위를 넘지 않으며 일반적인 고양이 사료의 경우, 특수한 경우를 제외하고는 거의 1:1 정도로 비율을 맞추고 있습니다. 그러나 집에서 만든 살코기 생식의 경우 해당 비율을 제대로 맞추지 못했을 가능성이 높습니다.

미네랄 (mg/100g)		소고기 beef cube steak	순살 닭고기 breast with skin	오리고기	사슴고기	고등어 mackerel atlantic
미네랄 (mg/100g)	칼슘	7	15	11	11	11
	인	180	228	187	170	209

미네랄 (mg/100g)		연어 salmon atlantic	수란(계란) egg poached	코티지 치즈 cottage cheese	우유	두부
미네랄 (mg/100g)	칼슘	11	27	73	95	120
	인	189	95	160	92	97

※ 칼슘과 인의 함량은 동일한 원료로 표기되어도 부위와 처리 상태에 따라 달라질 수 있음.
※ 본 표는 캐나다 보건부에서 발표한 식품별 영양소 함량표를 참고하였음.

동물성 단백질 원료별 칼슘과 인의 함량

위의 표에서 확인할 수 있는 것처럼, 대부분의 동물성 단백질 원료에는 칼슘과 인이 1:5~1:20 비율로 포함되어 있습니다. 1:1 비율을 권고하고 있는 FEDIAF의 기준치에 비하면, 대체적으로 인의 비율이 월등히 높은 편이지요.

예를 들어 소고기의 경우 100g당 칼슘은 7mg, 인은 180mg이 들어 있는 걸 확인하실 수 있는데요. 생식의 주된 단백질 원료가 소고기일 경우, 인이 칼슘의 약 25배에 달하기 때문에 그만큼 칼슘을 채워줘야 한다는 뜻입니다. 게다가 소고기 중에서도 어떤 부위가 들어갔느냐에 따라 차이가 있을 수 있기 때문에 정확한 수치는 성분검사를 의뢰해야 알 수 있습니다. 일반 가정에서 모두 따져 맞추기엔 현실적으로 어려운 부분이지요. 그래서 생식을 급여하는 경우에는 정기적으로 동물병원에 방문하여 혈액검사를 통해 이상 유무를 판단하는 것이 최선의 방법입니다.

● 나트륨: 이 고양이 사료, 좀 짜지 않나요?

생식 상담 외에, 미네랄과 관련해 두 번째로 많이 듣는 질문이기도 합니다. "고양이 사료는 좀 짠 것 같다", "고양이 먹거리에 나트륨 함량이 지나치게 많이 들어 있는 것 아니냐"라며 걱정하시는 보호자님이 의외로 많이 계시더군요. 하지만 앞서 '고양이의 땀샘' 챕터에서 말씀드렸던 것처럼, 고양이 사료의 나트륨 함량은 사람의 음식에 비해 훨씬 낮은 편입니다.

일반적인 고양이 사료에는 0.3~0.6%의 나트륨이 함유되어 있습니다. 그러나 임신 중이거나 수유를 하는 어미 고양이, 혹은 성장기 아기 고양이kitten의 경우엔 그보다 높은 1.2%(1.22g/100g) 이상의 나트륨을 함유한 먹거리가 좋습니다. 또한 일부 처방식에서는 고양이의 상태에 따라 나트륨의 함량을 조절하기도 하는데요. 심장질환을 앓고 있는데 고혈압이 있을 경우 나트륨 함량을 약 0.1%까지 낮춘 저염 처방식을 사용하며, 반대로 고양이가 결석질환을 앓고 있다면 나트륨 함량을 최대 1.3%까지 올린 처방식을 권하기도 합니다. 이는 갈증을 유발하기 위한 목적으로, 음수량과 배뇨 빈도를 높일 수 있어 결석질환을 치료하는 데 도움이 됩니다.

최근 임상 영양학에 대한 연구가 활발해지면서 질환별로 다양한 처방식들이 새롭게 나오고 있는데요. 이러한 처방식의 포인트 중 하나는 '미네랄 함량을 어떻게 조절했는가'입니다. 앞의 표(FEDIAF 가이드라인)를 참조하여 미네랄에 관해 미리 알아 둔다면 동물병원에서 처방식에 관한 상담을 받을 때 이해하기 쉬울 뿐 아니라, 관련 질문도 훨씬 구체적으로 하실 수 있겠지요.

사막에서 온 고양이니까 물

물은 고양이가 살아가는 데 있어서 없어서는 안 될 중요한 영양소입니다. 고양이 신체의 약 70%는 물로 이루어져 있으며, 갓 태어난 아기 고양이는 수분이 차지하는 비율이 약 80%나 된다고 하는데요. 또한 고양이는 사막에서 기원한 동물로 농축된 오줌을 배출하기 때문에, 비뇨 기관의 건강을 지키기 위해선 고양이가 물을 얼마나 잘 먹고 있는지 꼼꼼히 점검해주실 필요가 있습니다.

● 고양이는 하루에 물을 얼마나 마셔야 할까?

"고양이가 점점 나이가 들어가요. 어떻게 관리해주는 게 좋나요?"

"노령묘는 처음이라…. 특별히 주의할 점이 있을까요?"

진료를 하다 보면 위와 같은 질문을 많이 받곤 합니다. 저는 매번 "음수량부터 잘 확인해주세요"라고 대답합니다. 상담을 진행하다 보면, 고양이가 하루에 물을 얼마나 마셨는지 잘 모르시는 보호자분이 많습니다. 하지만 음수량 확인은 예방의학의 시작입니다. 고양이의 음수량을 제대로 알고 있으면 각종 질환을 예방하거나 조기에 치유하는 데 큰 도움이 될 수 있습니다.

일반적으로 몸무게 kg당 40~60ml의 물을 섭취하는 것이 좋습니다. kg당 약 50ml라고 외워 두시면 편합니다. 이것을 기준으로 두고 내 고양이가 하루 동안 물을 얼마나 마시는 것이 좋은지, 그리고 얼마나 마셨는지 확인하여 비교하시면 됩니다. 고양이 몸무게가 4kg 정도 나간다면 하루에 필요한 적정 음수량은 약 200ml, 즉 하루 동안 작은 우유팩 하나 정도의 물을 마셔야 한다고 생각하시면 됩니다.

권장 음수량보다 절반 이하로 마시는 경우

이 상태가 지속될 경우 결석질환이나 하부요로기계 질환이 생길 수 있어 주의해야 합니다. 음수량을 늘릴 수 있도록 여러 가지 방법을 시도해보시고, 그래도 음수량에 변화가 없다면 고양이의 먹거리를 주식 파우치나 주식캔 등 습식 사료로 교체해보는 것을 권합니다.

권장 음수량보다 1.5배 이상 마시는 경우

당뇨 혹은 갑상선질환 같은 내분비 질환을 의심해볼 수 있습니다. 음수량 기록표를 만들어 이를 활용하는 과정에서 이러한 변화가 인지된다면 동물병원에 상담을 요청하시기 바랍니다. 최근 고양이의 체중에 급격한 변화가 생겼다면 당뇨 검사를 받거나 갑상선에 문제가 없는지 검사받아보는 것이 좋습니다.

─ 음수량을 늘리는 여러 가지 방법 ─

- 물 그릇의 수량은 넉넉히! 다묘 가정의 경우, 물 그릇은 '마리 수 +1' 이상으로 놓아주는 것이 좋습니다.
- 고양이가 좋아하는 향이 나도록 육즙·고양이용 우유 두세 방울을 물에 떨어뜨려보는 것도 하나의 방법이 될 수 있습니다.
- 사료를 물에 불려서 급여해봅니다.
- 건사료 대신 습식 사료를 급여해줍니다. 습식 사료의 상당한 가격이 부담된다면 건사료와 습식 사료를 함께 급여하셔도 좋습니다.
- 고양이가 물을 마시는 환경을 바꿔봅니다. 고양이에 따라 선호하는 음수 환경이 다릅니다. 고인 물에 반응할 수도, 흐르는 물에 반응할 수도 있습니다. 고양이가 물을 잘 마시지 않는다면 물 그릇과 함께 새로 '분수형 음수대'를 설치해보시길 권합니다.
- 물 그릇의 재질을 다른 것으로 바꿔보는 것도 도움이 됩니다. 일반적으로 고양이는 도자기 > 유리 > 스테인리스 > 플라스틱의 순으로 선호하는 것으로 알려져 있답니다.
- 직경이 더 넓은 물 그릇으로 교체해봅니다. 물에 수염이 닿는 것을 싫어하는 경우도 있기 때문이지요.
- 물 그릇의 위치를 조정해봅니다. 특히 고양이의 물 그릇은 화장실에서 멀리 떨어진 곳에 놓아 두는 것이 좋은데요. 고정이 가능하다면 수직 공간을 활용할 수 있는 캣타워에 물 그릇을 놓아 두거나, 장난감을 보관하는 곳 등 평소에 고양이가 좋아하는 장소 근처에 놓아 두는 것도 음수량을 높이는 방법이 됩니다.

● 고양이한테 수돗물을 줘도 괜찮을까?

"고양이한테 수돗물을 주는 것보다 정수기 물을 주는 것이 더 나은가요? 아니면 고급 브랜드 생수가 제일 안전할까요?" 고양이를 키우신지 얼마 안 된 보호자라면 충분히 궁금해하실 수 있는 문제인데요. 사람이 마실 수 있는 물이라면 수돗물도, 생수도, 정수도 모두 안전합니다. 특히 우리나라의 수돗물의 경우 미네랄 수치도 고양이에게 해롭지 않은 정도이기 때문에 걱정하지 않으셔도 됩니다. 재차 말씀드리지만, 중요한 것은 '어떤 물을 먹여야 하는지'가 아닙니다. 내 고양이의 하루 음수량을 어떻게 맞춰야 할지가 관건이지요.

혹시 고양이가 갑자기 싱크대의 물을 먹고 있진 않나요? 뜬금없이 화장실로 들어가 변기 물을 마시진 않나요? 고양이가 깨끗한 물을 충분히 섭취할 수 있도록, 보호자님께서 각별한 신경을 써주셨으면 좋겠습니다.

고양이는 영양학적으로 많은 보살핌이 필요한 동물입니다. 외부에서 공급되어야 할 중요한 영양소가 많기 때문에, 보호자께서는 고양이가 먹거리를 멀리하거나 굶지 않도록 기호성이 높으면서도 영양소가 풍부한 먹거리를 끊임없이 찾아주셔야 합니다.

이번 챕터에서는 고양이의 신체적 특성과 함께 고양이에게 반드시 필요한 영양소를 자세히 알아보았습니다. 영양소와 관련된 내용이라 조금 어렵다고 느끼셨을지도 모르겠습니다. 하지만 주치의와 상담할 때나 내 고양이에게 필요한 먹거리를 찾고자 할 때 분명 요긴하게 쓰일 테니, 시간이 걸리더라도 천천히 앞의 내용을 한 번 더 살펴보시길 권하고 싶습니다.

집사들은 이런 게 궁금해! ②
차가운 물 VS 따뜻한 물, 고양이는 뭘 더 좋아할까요?
👥 3

집사K

계절이 바뀔 때마다 고민돼요. '오늘은 고양이에게 시원한 물을 주는 게 나을까, 따뜻한 물을 주는 게 나을까?'하고요. 고양이는 보통 어떤 물을 더 좋아하나요?

우재쌤

고양이마다 차이가 있겠지만, 물의 온도가 고양이의 음수량에 영향을 준다는 연구가 있어요. 연구 결과 고양이들이 가장 좋아하는 물 온도는 본인의 체온과 비슷한 37~38℃ 정도였다고 해요. 물의 온도가 마시기에 뜨거운 40℃ 이상을 넘어가거나, 0℃에 가까워질수록 음수량이 줄어들었다고 합니다.

집사K

대체로 따뜻한 물을 좋아한다는 거군요. 그동안은 시원하라고 계속 찬물을 담아주었는데…. 고양이 건강에 무리가 가진 않았겠죠?

우재쌤

네, 고양이는 찬물을 한 번에 벌컥벌컥 들이키는 것이 아니기 때문에 건강에 별다른 무리가 가진 않았을 겁니다. 그리고 고양이도 얼음을 먹거나 찬물을 마시면서 시원함을 느끼기도 한답니다.

집사K

그럼 너무 더운 날에는 가끔 시원한 물을 줘도 되겠네요. 그런데 우리 동수는 평소에 물을 잘 마시지 않는 편이거든요? 혹시 물의 온도를 따뜻하게 높여주면 이전보다 음수량이 증가할까요?

평소에 물을 너무 먹지 않는 고양이라면 살짝 데워주시는 것도 도움이 될 거예요. 하지만 물을 데워서 줄 경우 반드시 하루에 여러 번 깨끗한 물로 갈아주셔야만 합니다. 따뜻한 물에서는 그만큼 세균이 번식할 위험이 높거든요.

 아, 그리고 고양이에게 수돗물을 줘도 진짜 괜찮나요? 집에 정수기가 없어서 '미네랄 생수'를 구매해 마시고 있는데, 고양이에겐 어느 물을 주는 게 좋을지 고민이 되어서….

그럼요. 우리나라 대부분의 수돗물은 칼슘과 마그네슘 함량이 적은 '연수'에 해당되므로 괜찮습니다. 반대로 이 두 성분이 많이 함유된 '미네랄 생수'는 고양이에게 가급적 주시지 않는 게 좋아요. 장기간 섭취 시 신장 등에 무리가 갈 수 있거든요.

 혹시 그밖에 제가 더 주의해야 할 것이 있을까요?

음, 만약 집이 지어진 지 오래됐다면 수도관이 부식되어 녹물이 섞여 나오거나 수도꼭지가 노후돼 물이 오염될 가능성이 있기 때문에, 미리 점검해보시는 것이 안전합니다.

 애옹! 애~옹! (=어이, 수염에 물 닿는 것도 싫어! 더 깊고 넓은 그릇으로 바꿔줘!)

2장

사료 유목민을 위한
영양학 안내서

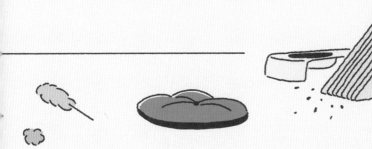

사료에 대한 궁금증

'생고기'를 원료로 해야 좋은 사료다?

고기 분말로 만들었다는 사료와 생고기로 만들었다는 사료, 여러분은 둘 중 어떤 사료를 택하시겠습니까? 꽤 많은 보호자님께서 포장지에 "생고기가 함유되었다"라고 쓰여 있는 사료를 고르실 것 같은데요. 다른 사료에 비해 값이 조금 더 비싸더라도, 생고기를 함유한 사료가 영양학적으로 더 좋을 것이란 판단 때문이 아닐까 싶습니다.

하지만 영양학자인 제가 보기엔 다소 의아합니다. 칼슘과 인의 구성 비율 등에서 약간의 차이가 날 뿐, 생고기와 고기 분말의 영양학적 차이는 그렇게 크지 않기 때문이지요.

또한 사료 포장지에 큼지막하게 적혀 있는 "고기 65%, 육류 65%" 등의 문구 속 "65%"는 수분함량이 포함된 수치이기 때문에 순수한 고기 함량으로 볼 수 없습니다. 수분을 뺀 실제 고기 함량은 10% 내외인 경우가 대부분입니다. 생고기를 원료로 한 사료도 마찬가지인데요. 생고기가 사료 공장에 들어오면 수분을 제거하는 공정을 거쳐 결국 똑같이 분말 형태로 만들어집니다. 원료 공장에서 바로 수분을 제거하느냐, 사료 공장에서 수분을 제거하느냐의 차이일 뿐 고기 분말과 생고기 모두 사료에 들어가는 실질적인 고기 함량을 놓고 보면 다를 게 없다는 의미입니다.

그렇다면 생고기를 원료로 한 사료가 더 비싼 이유는 무엇일까요? 그것은 공장에 도착하기 전까지 생고기를 유통하는 과정이 까다롭기 때문입니다. 생산시설로 이송할 때에 고기가 상하지 않도록 냉동차를 이용해야 하는 데다, 냉동 상태의 고기는 바로 사용할 수 없으므로 해동기계에 넣어 녹이는 과정을 거쳐야 합니다. 생고기의 수분 함량(약 75%)과 고기를 얼렸다가 다시 해동하는 시간과 비용을 감안하면 제조원가가 상승할 수밖에 없습니다.

결국 생고기를 원료로 한 사료가 더 비싼 이유는, 제조 공정이 일반 고기분말 사료의 것과 다를 뿐 고기 함량이 더 많거나 영양소가 훨씬 풍부하기 때문이 아닙니다. 그럼에도 많은 사료 회사에서 생고기 사료를 제조하고 있는 건, '생고기'라는 단어가 지닌 '신선한 재료'로서의 이미지 때문일 것입니다. 일부 원료업체의 비위생적인 육분 제조 공정 실태를 부정적으로 생각하는 소비자들을 끌어들이기 위한, 사료 회사의 매력적인 원료 마케팅 수법 중 하나인 것이지요.

'그레인 프리' 사료의 진실

몇 년 전 '그레인 프리grain-free'라는 문구를 내건 고양이 사료들이 우후죽순처럼 쏟아져 나온 때가 있었습니다. 사료 제조와 관련한 글로벌 매체 '펫푸드인더스트리Pet Food Industry'에 따르면 전 세계에서 출시된 개, 고양이 사료 중 그레인·글루텐 프리 사료가 한때 56% 이상을 차지했던 적도 있었다고 하는데요. 당시 '그레인·글루텐 프리' 사료가 갑작스럽게 유행했던 이유는 바로 사료의 곡물 원료에 포함된 '글루텐'이라는 단백질 성분 때문입니다. 보호자들이 고양이의 식이 알레르기를 유발하는 원인으로 글루텐을 강하게 의심하기 시작하면서 해당 성분을 포함하지 않는 사료가 시중에 많이 나오게 된 것이지요.

― '글루텐'이 무엇인가요?

글루텐은 밀, 보리 등의 곡물에 함유되어 있는 단백질 성분 중의 하나입니다. 단백질 원료로 사용되기도 하는 글루텐은, 전분과 함께 반려동물의 사료 알갱이를 만드는 데 꼭 필요한 성분이기도 합니다. 하지만 해당 성분이 특정 체질의 사람에게 복통, 설사를 일으킨다는 사실이 알려져 "고양이한테도 유해한 성분일 수 있다"라는 논란이 일게 되었습니다.

곡물 사료는 위험하고, 고기 사료는 안전하다?

식이 알레르기를 유발하는 물질에 대한 수의학적 연구는 예전부터 활발히 진행되어 왔습니다. 그 결과, 고양이에게 알레르기를 일으키는 '알레르겐 알레르기의 원인이 되는 물질, allergen'은 동물성 단백질에서도 비롯될 수 있다는 사실이 밝혀졌습니다. 연구자들은 좀 더 자세한 원인을 밝혀내기 위해 100마리의 고양이를 대상으로, 다양한 식재료에 따른 알레르기 반응을 검사해보았는데요. 고양이에게 속앓이를 일으킬 수 있는 원료를 아래와 같이 정리하였습니다.

식품 알레르기를 유발할 수 있는 24가지 식재료					
기준(unit/mL)	소고기	닭고기	옥수수	오리고기	양고기	우유
평균	12.43	19.24	12.67	9.1	4.33	5.1
중간값	13	21	12	8	4	4
표준편차	6.4	7	6	4.5	2.9	2.7
기준(unit/mL)	돼지고기	콩(대두)	칠면조고기	사슴 고기	밀	흰살 생선
평균	5.8	13.4	6.4	9.2	2.7	3.6
중간값	5	14	7	10	2	3
표준편차	2.4	4.2	3.1	3.7	2.4	2.8
기준(unit/mL)	보리	계란	렌틸콩	수수	오트밀	땅콩
평균	9.9	7.4	9.1	24.3	15.5	12.2
중간값	10	7	9	25	15	11
표준편차	4.3	3.5	3.8	5.9	4.7	5.1
기준(unit/mL)	감자	퀴노아	토끼고기	쌀	연어	고구마
평균	23.2	19	14	25.9	20.9	17.1
중간값	22	20	13	25	20	16
표준편차	6.5	6.7	4.6	6.9	6.1	6.1

10세 이상, 5kg 가량의 고양이 1,000마리로부터 채취한 타액으로 진행한 연구
『Diagnosis of Feline Food Sensitivity and Intolerance Using Saliva : 1,000 Cases』

식재료별 식이(장 질환) 알레르기 반응성 검사

검사에 이용된 식재료는 생식 그리고 고양이 사료를 제조하는 데 자주 쓰이는 원료들입니다. 연구 결과, 고양이에게 알레르기 반응을 일으키는 정도는 쌀, 수수(낟알 곡물), 감자, 연어, 닭고기, 퀴노아, 고구마, 소고기의 순으로 높게 나타났습니다. 주목할 것은 연어와 닭고기 등 동물성 원료에서 식이 알레르기를 유발하는 정도가 오트밀, 고구마, 옥수수보다도 높게 나타났다는 사실입니다. 이것은 흔히 "글루텐이 다량 함유되어 유해하다"고 알려진 곡물 원료가 아닌, 특정 동물성 원료에 의해서도 식이 알레르기가 충분히 유발될 수 있다는 것을 의미합니다. 개체에 따라 알레르기를 일으키는 식재료는 단순히 글루텐이 들어간 곡물 사료 때문만이 아닐 수 있다는 사실이 실험을 통해 확인된 것이지요.

이러한 사실과 더불어, 미국 식품의약국FDA, Food and Drug Administration은 2019년 '글루텐 프리 사료 급여와 반려동물 심장질환DCM 발병과의 연관 가능성'을 발표했는데요. 정확한 인과 관계는 현재까지도 연구 중이긴 하지만 해당 사료를 지속적으로 섭취했던 개와 고양이에게 심장 질환이 발병했다는 사례가 많이 보고되고 있어, 그레인·글루텐 프리 사료에 대한 고양이 보호자들의 시선은 최근 들어 많이 바뀌고 있는 추세입니다. 보호자들이 해당 사료에 의구심을 품게 되면서, 아이러니하게도 다시 곡물 원료를 제하지 않은 '그레인 프렌들리friendly 사료'를 선호하게 된 것이지요. 이에 따라 사료 회사도 다시 그레인 프렌들리 사료를 출시하는 데 박차를 가하고 있습니다. 그러나 이러한 소식들이 아직 잘 알려지지 않은 탓일까요, 우리나라에서는 여전히 그레인 프리 사료의 신제품이 출시되고 있습니다.

물론 곡물에 들어 있는 글루텐 성분이 고양이에게 식이 알레르기를 일으킬 수 있다는 점에서 충분히 경계할 만하다고 생각합니다. 그렇지만 영양학자로서 곡물이 들어간 모든 사료가 고양이에게 해롭다는 논리는 받아들이기 어렵습니다. 알레르기를 유발하는 원료는 고양이 개체마다 다르며, 그 원인이 동물성 원료에 있을 가능성도 배제할 수 없기 때문이지요.

'그레인 프리 vs 그레인 프렌들리 사료' 논란을 지켜보면서 느낀 것이 있습니다. 때론 관련 이슈라던가 다른 이들의 구매 경향과 같은 주관적인 요소가, 어떠한 연구결과나 설명보다도 소비자가 사료를 구매하는 데 큰 영향을 준다는 사실입니다. 외국에 비해 사료와 관련한 다양한 연구 결과를 쉽게 접하기 어렵기 때문인지, 업체의 마케팅에 따라 시장의 여론이 형성되고 소비자의 감정이 이에 좌우되는 경우가 꽤 많은 것 같아 안타깝습니다. 내 고양이에게 알맞은 사료를 선택하기 위해서는 영양학적으로 명료하게 설명된 정보를 바탕으로 살펴보는 것이 가장 바람직하다는 것을 꼭 기억해주셨으면 좋겠습니다.

'홀리스틱' 사료와 사료 마케팅

고양이를 키우는 보호자님이라면, 아마 '홀리스틱 사료'라는 말을 들어

보신 적이 있으실 겁니다. 홀리스틱 사료는 시중에 판매되고 있는 고양이 사료 중에서 '가장 좋은 급의 사료'를 지칭하는 표현으로 쓰이고 있는데요.

"고양이 건강에 좋은 유기농 원료, 질 좋은 원료만을 골라 만들었다."
"어릴 때부터 홀리스틱 사료를 급여해주면 고양이가 더 오래
건강하게 살 수 있다."

사료 회사들은 위와 같은 표현을 사용하면서 고양이 보호자들에게 홀리스틱 사료의 강점을 부각하곤 합니다. 하지만 영양학자의 입장에서 결론부터 말씀드리자면, 홀리스틱 사료는 단순히 사료 회사들이 만들어

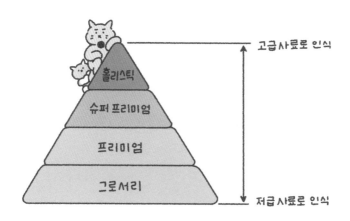

보호자에게 흔히 알려진 사료 등급표

낸 감성적인 마케팅 용어에 불과합니다. 해당 사료의 영양학적 우월성 역시 뒷받침할 만한 과학적 근거를 찾아볼 수 없지요.

참고로 '홀리스틱Holistic'이라는 단어는 본래 '전체적, 총체적'이라는 의미에서 출발한 것으로 '두루 먹일 수 있는 전연령 사료'를 뜻하는 용어였습니다. 그것이 어느 순간부터 마치 '고급 사료'를 칭하는 의미로 변질되어 사용되기 시작한 것입니다.

홀리스틱 급으로 알려진 몇몇 사료를 자세히 연구한 적이 있었는데, 영양소 배합 측면에서 특별히 이렇다 할 특이점을 발견하지는 못했습니다. 또한 홀리스틱 사료를 일정 기간 먹은 후 고양이의 면역력이 얼마나 높아졌다거나, 피부 트러블이 어느 정도 개선됐다거나, 해당 사료가 어떤 점에서 항염증 효과가 있었는지에 대한 실증적인 연구 결과도 찾을 수 없었는데요. 따라서 만약 고양이의 특정 질환이 우려되어서 질 좋은 사료를 찾고 계신 것이라면, 차라리 고양이 상태에 따른 처방식 사료를 처방받아 급여하시는 것이 안전하며 영양학적으로도 훨씬 효과적이라고 말씀드리고 싶습니다.

홀리스틱이란 라벨이 붙었다고 해서, 타 사료보다 영양이 압도적으로 풍부하거나 고양이의 건강 증진에 가장 효과적이라고 볼 순 없습니다. 제대로 된 임상 평가가 진행된 사료인지, 실질적으로 개선 효과가 있다는 것이 입증되었는지 꼼꼼히 찾아보신 후 사료를 선택해주세요. 막연히 감성에 호소하는 사료 회사의 마케팅은 고양이의 건강을 지키는 데 아무런 도움이 되지 않음을, 꼭 기억하셨으면 합니다.

원재료와 휴먼 그레이드

"우리 사료는 '휴먼 그레이드human grade' 원료를 사용했습니다."

위와 같은 문구가 쓰여 있는 고양이 사료를 보신 적 있으실 겁니다. 여기서 휴먼 그레이드란, 사전적 의미로 '사람이 먹을 수 있는edible 정도'를 의미하는데요. 아직 법적으로 명확한 기준이 정해지지 않았기 때문에 '사람이 먹을 수 있는 것이라면 전부 휴먼 그레이드라고 말할 수 있는가?'라는 논란도 제기되고 있는 상황입니다. 이런 모호한 점을 이용해, 사료 회사들은 휴먼 그레이드를 마치 영양이 풍부한 고급 원재료인 것처럼 포장하여 고도의 마케팅 전략으로 활용하고 있습니다.

휴먼 그레이드가 아니면 모두 찌꺼기 원료일까?

다양한 식품을 제조하는 데 많이 쓰이고 있는 원료, 옥수수. 강원도에서 갓 수확한 찰옥수수와 사료에 흔히 사용되는 옥수수 분말의 영양소는 서로 어떻게 다를지 궁금해 직접 성분을 분석해본 적이 있었습니다. 결과는 의외였습니다. 각 원료의 영양 성분에서 아주 근소한 차이가 있을 뿐, 중금속·잔류 농약·곰팡이독소와 같은 유해 성분의 수치는 두 원료 모두 비슷한 것으로 확인됐기 때문입니다. 가격 차이가 엄청난데도, 사람들이 즐겨먹는 휴먼 그레이드 옥수수와 사료에 들어가는 옥수수 분말의 영양 성분, 그리고 유해성분의 수치가 크게 다르지 않다는 결과가 나온 것이지요. 이렇다 보니, 사료업체로서는 굳이 비싼 값을 치르고 강원도 찰옥수수로 고양이 사료를 만들 이유가 없어진 겁니다.

그렇다면 사료업체들은 왜 값비싼 휴먼 그레이드 원료에 관심을 가지기 시작한 것일까요? 아마도 전국을 들썩이게 했던 '사료 파동' 사건 때문이 아닐까 싶습니다. 일부 양심 없는 사료업자들이 원가를 줄이기 위한 목적으로, 안락사된 개의 사체 등 부적절한 원료를 사용하다 적발된 사건인데요. 이후에도 비슷한 문제가 끊임없이 언론에 보도되자 불안감을 느낀 보호자들은 점점 휴먼 그레이드 원료로 눈길을 돌리기 시작하게 된 것입니다.

하지만 분명한 것은 모든 사료의 원료가 그렇게 비위생적이고 출처가 불분명한 저급 원료는 아니라는 점입니다. 또한 소비자들의 인식을 무엇보다도 중시하는 사료업체로서는, 일명 '쓰레기 원료'를 사용할 만큼 기업의 존폐를 걸고 비이성적인 결정을 내리긴 쉽지 않을 겁니다. 오히려 소비자의 시선이 날카로워짐에 따라, 전보다 원료 품질 관리에 더 신경을 쓸 수밖에 없는 상황이 되었지요.

그럼 '좋은 원료'란 대체 무엇인가요?

앞서 말씀드렸던 것처럼, 휴먼 그레이드 원료와 일반 동물 사료용 원료의 영양 성분은 크게 다르지 않습니다. 결국 '휴먼 그레이드 원료가 아닌 사료는 질 나쁜 싸구려 원료'라는 이분법적 사고는 사료 회사가 만들어낸 하나의 마케팅 문구일 뿐입니다. 그렇다면, 대체 '좋은 원료'란 어떤 것을 의미할까요? 영양학자인 제가 생각하는 좋은 원료의 조건이란 다음과 같습니다.

좋은 원료의 조건

- **품질이 항상 일정해야 합니다.**
  원료에 들어 있는 6대 영양소의 함량이 들쭉날쭉하지 않고 일정한 품질을 유지해야 합니다. 즉, 여러 차례에 걸쳐 사료를 제조해도 영양소의 함량이 처음 설계했던 함량과 비슷(오차범위 이하에 해당)해야 "사료의 품질이 일정하게 유지된다"라고 볼 수 있습니다.

- **안정성이 보장되어야 합니다.**
  특히 유해 요소(곰팡이독소, 중금속, 잔류 농약 등)로부터의 안전성이 제대로 확인된 원료여야 합니다.

- **고양이 개체별로 '좋은 원료'의 기준은 달라질 수 있습니다.**
  현재 건강 상태에 따라 고양이에게 적합한 포뮬라(영양소의 배합 정도)가 다르기 때문입니다. 아미노산 함량 조절, 칼슘과 인의 밸런스, 단백질의 종류, 가수분해 단백질, 오메가3지방산의 함량 여부 등 다양한 영양소 중에서 어떤 것에 중점을 두느냐에 따라 '좋은 원료'의 기준이 달라질 수 있는 것이지요.

이처럼 '좋은 원료를 사용했으니까 좋은 사료일 것이다'라는 가정은 정답이 될 수 없습니다. 좋은 사료를 결정짓는 기준은, 사료를 섭취할 고양이의 건강 상태에 따라 달라질 수 있기 때문입니다. 구매하고자 하는 사료가 아무리 좋은 품질의 원료를 사용했다 하더라도, 원료 배합에 의

한 영양소 균형이 적합하지 않다면 고양이 건강에 아무런 도움이 되지 않는다는 점도 기억해두시면 좋을 듯합니다.

좋은 원료보단 '영양소 배합'에 집중하세요!

'제1·2원료(원료의 주재료)로 고기류를 넣은 사료 또는 유기농 라벨이 붙은 데다 글루텐 함량이 거의 없는 병아리 완두콩이나 타피오카 등의 식물성 원료를 사용한 사료.' 아마도 대부분의 보호자님이 열광할 만한 최상의 사료 레시피가 아닐까 싶습니다. 하지만 이러한 사료는 포장만 그럴싸한, 소비자를 현혹시키는 마케팅 제품일 가능성이 높습니다.

체계적인 R&D(연구·개발) 방식으로 사료를 제조할 경우, 급여할 대상에게 적합한 영양소 배합을 전체적으로 설계한 후에 이 영양소를 채울 수 있는 원료를 신중히 선택합니다. 그런데 겉면에 특정 원료를 지나치게 내세운 사료는 처음부터 전체적인 영양 균형을 고려하지 않은 채 특정 원료를 먼저 정해두고 나머지 영양소를 끼워 맞추는 방식으로 설계되는 경우가 많습니다.

실제로 마케팅 파워가 강한 사료 회사는 외부에 사료 제조를 위탁하는 'OEM 방식'을 따르곤 하는데요. 이때 별도의 전문 제조 시설이나 R&D(연구·개발)센터가 없는 경우 사료 설계 과정에서부터 문제가 발생할 수 있습니다. 영양학 전문가의 면밀한 검토보다 보호자의 시선을 끌

만한 마케팅 문구에 집중한 결과이겠지요. 따라서 건강에 좋아 보이는 원료가 들어갔다고 해서 최고의 사료라고 단정 지을 순 없습니다. 오히려 원료 리스트가 돋보이도록 하기 위해 다른 영양소가 부적절하게 함유되어있는 것은 아닌지 주의해서 살펴봐야 합니다.

시장에서 정성껏 사온 원료가 아무리 휴먼 그레이드·홀리스틱 급이라 하더라도, 영양소 배합이 적절하지 않은 경우에는 문제가 생길 수 있습니다. 고양이가 사료 자체를 잘 먹지 않게 되거나 전보다 분변지수가 떨어질 수 있으며, 장기간 급여 시 건강에 문제가 발생할 가능성이 큽니다. 따라서 사료 회사들은 시간과 돈을 들여 사료 연구와 제조 기술 개발에 투자할 필요가 있습니다. 제품 출시 전 전문 인력들의 자문도 구하고, 급여 테스트와 안정성 검사를 거치면서 실제로 어떤 효능이 있는지 제대로 입증하는 것이 먼저이지요. 소비자들의 선택을 기다리는 것은 그 후의 문제입니다. 보호자들의 눈길을 사로잡든 그렇지 못하든, 중요한 건 사료의 기본 조건에 충실히 따라야 한다는 겁니다. 고양이가 잘 먹고, 잘 싸고, 장기간 급여할 때에도 건강상의 문제가 없어야 제대로 된 사료의 기본 조건을 갖춘 것입니다.

그러나 현실은 그렇지 못한 것 같습니다. 장기간 연구를 진행하는 것보다, 포장지를 더 화려하게 꾸미거나 SNS를 활용해 잘 포장한 문구를 홍보하고, 보호자들이 최근 관심을 가지는 원료를 넣기만 하면 해당 사료의 단기간 매출이 보장되기 때문입니다. 그러다 문제라도 생기게 되면, 업체들은 재빠르게 제품을 단종시키고 얼마 뒤 또 다른 신제품을 출시하기도 합니다. 과연 10년 전의 사료보다 오늘날 새로 출시된 사료가 월등히 낫다고 볼 수 있을까요? 안타깝게도 긍정적인 답변은 해드릴 수 없을 것 같습니다.

지난 10년간 얼마나 많은 사료가 출시되고 금세 자취를 감췄는지 더 많은 소비자들이 꼭 기억해주셨으면 합니다. 고양이 보호자님들이 똑똑해지지 않으면 이 악순환은 반복될 수밖에 없습니다. 다행히 최근 보호자님들은 고양이의 먹거리를 선택하는 데 있어 10년 전보다 훨씬 공부도 많이 하시고, 영양 성분도 꼼꼼히 살피는 경향이 강해졌습니다. 덕분에 사료 회사들도 고양이 사료를 섣불리 출시하지 못하는 추세이지만 그렇다고 방심해서는 안 되겠지요. 사료를 쇼핑하실 땐 반드시 원료보단 영양소 배합 측면에서 적합한 사료인지, 감성에 호소하는 과대광고가 포함되진 않았는지 면밀히 살펴봐주세요. 사랑스러운 고양이를 지키는, 가장 기본적인 방법이랍니다.

고양이 사료에 대한 '진짜' 진실

사료에서 안락사 약물과 암 발병 위험이 있는 산화방지제BHA, BHT 등이 검출됐다는 소식부터 쓰레기 원료를 재사용해 집사들을 충격에 빠뜨렸던 사료 파동 사건 등…. 사료와 관련해 보호자를 불안하게 하는 소식은 정말 무성합니다. 과연 어디까지가 진실이며, 어디까지가 근거 없는 소문일까요? 고양이 사료에 관한 진실을 이야기하자면 아마도 책 한 권으로는 부족할지도 모르겠습니다.

상담을 하다 보면, 『개와 고양이 사료의 진실』이라는 책을 읽은 후 집에 있던 사료를 모두 버렸다며 고민을 털어놓는 보호자들을 꽤 만날 수 있었습니다. 그중에는 생식을 챙겨주는 보호자도 계셨고, 다른 먹거리를 챙겨주시다 다시 사료 급여로 돌아간 분도 계셨습니다. 그런데 책의 내용을 현실에 반영했을 때 100% 맞다고 볼 수는 없습니다. 1997년 출간되어 2007년 사상 최대의 사료 리콜 사태까지 포함하여 개정되었으나, 그로부터 10여 년이 지난 오늘날의 상황까지 모두 담진 못했기 때문입니다. 만일 모든 사료의 유통을 중단해야 할 만큼 큰 문제가 발생했다면 전 세계적으로 수많은 사례가 보고되고 연구되어야 했지만, 아직까지 그런 많은 양의 보고서를 접해본 적은 없습니다.

현재 우리나라에는 약 150~200만 마리의 고양이가 있는 것으로 추정됩니다만(정확한 개체 수는 정부도 모릅니다. 고양이는 동물 등록이 의무 사항이 아니라 전수조사를 시행하기 힘들기 때문입니다), 대형 외국계 사료나 국산 사료를 장기간 급여한 고양이들 중에서 사료를 먹고 직접적으로 건강에 문제가 생긴 사례는 보고된 바가 거의 없습니다.

물론 이전의 크고 작은 사료 파동 사건 때처럼 원가 절감 등을 목적으로 유해한 성분을 포함하는 사료들은 반드시 법의 심판을 받아야겠지만, "모든 사료는 믿을 만한 것이 못 된다"라는 주장은 과학적 근거가 미약하다고 볼 수 있겠습니다. 원료의 안전성이 보장되고, 고양이 신체적 특성에 맞는 포뮬러로 만든 먹거리라면 크게 문제가 될 것이 없으므로 안심하셔도 됩니다.

그럼에도 불구하고 사료와 관련된 뉴스라면 일단 가슴이 철렁 내려앉는 것은 어쩔 수 없는 보호자의 마음이겠지요. "모든 사료는 나쁘다"라는 부정적인 인식이 막연하게 확산되지 않도록, 집사들의 불안감이 '고급 사료 마케팅'에 이용되는 악순환이 되풀이되지 않도록 기본을 지킬 줄 아는 사료 업체가 많아지기만을 바랄 뿐입니다.

진짜 좋은 사료, 그래서 그게 뭔데요?

지금까지 고양이 사료에 대해 보호자님께서 궁금해하실 만한 내용을 쭉 살펴봤습니다. 굉장히 많은 이야기를 해드렸기 때문에, 조금 혼란스러우실 수도 있을 것 같은데요. 이 한 가지만 기억해주시면 좋을 듯합니다. "내 고양이에게 좋은 사료와, 이웃 고양이에게 좋은 사료는 같을 수 없다!"

앞서 여러 차례 강조했던 것처럼 고양이는 개체마다 신체적 특성이 조금씩 다 다릅니다. 선호하는 원료의 종류도, 알레르기 반응을 일으키는 성분도 당연히 개체마다 차이가 나지요. 그렇기 때문에 내 고양이에게 적합한 사료는 보호자님께서 끊임없이 고민하고, 급여해보고, 이후의 경과를 지켜보면서 직접 찾아다니는 수밖에 없습니다. 조금이라도 빨리 '내 고양이에게 딱 맞는 사료'를 찾기 위해 여러 가지 사료를 급여하는 과정에서 반드시 꼼꼼히 점검해야 할 핵심 조건들은 다음과 같습니다.

사료의 안전성	**먹고서 문제를 일으킬 만한 유해 요소는 없는가?** 곰팡이독소나 중금속 등에 의해 오염되었을 가능성은 없는지, 농약·살충제·보존제 등 유해 약물이 남아 있을 가능성은 없는지 확인해야 합니다. 집에서 직접 성분을 조사하기는 어려우니 외국 사료는 미국 식약청(FDA) 홈페이지를, 국내 사료는 사료업체의 홈페이지를 통해 리콜 이력을 살펴보는 것이 좋습니다.
기호성	**고양이가 꾸준히 잘 먹는 먹거리인가?** 아무리 먹거리의 영양균형이 좋더라도, 고양이가 일단 먹기를 거부하면 아무 소용이 없겠지요. 특히 고양이가 단식을 하게 되면 단시간에 생명이 위험해질 수 있기 때문에, 급여한 먹거리를 잘 먹는지 꾸준히 살펴봐주셔야 합니다.
분변지수	**섭취 후 배변 활동을 잘하는지?** 잘 먹었으면 잘 싸야 합니다. 보호자님이 제공하신 사료를 먹고 고양이가 소변, 대변을 잘 눈다면 '이 사료로 정착해도 된다'는 반가운 신호로 받아들이셔도 됩니다. **배변 활동이 활발하지 않다면, 탄수화물 원료를 점검!** 분변지수는 전분, 식이섬유, 프리바이오틱스 등 주로 탄수화물 원료와 연관되어 있습니다. 배변 활동에 문제가 있다면 탄수화물 원료를 다른 사료와 잘 비교해보세요. 혼자 살펴보시기 어렵다면 가까운 동물병원을 찾아 전문가의 도움을 받는 편을 권해드립니다.
개체의 특성	**선천적으로 약한 부위를 보강해줄 수 있는 원료가 있는가?** 피부, 관절, 신장 등 고양이마다 조금씩 약한 부위가 있을 겁니다. 매일 섭취할 사료에 해당 부위를 보완해줄 수 있는 원료가 적절하게 함유되어 있는지 살펴보시는 것이 좋습니다.

집사들은 이런 게 궁금해! ③
'육분'도 문제지만 '생육'도 문제다?
👤 2

집사K

사람들이 '생고기(생육)'가 아닌 '고기 분말(육분)'로 만들어진 사료를 부정적으로 바라보는 가장 큰 이유가... 육분에 들어간 고기가 어떤 고기인지 그 원재료를 확인할 수 없어 불안해서잖아요? 그렇다면 결국 생육이 육분보단 문제를 일으킬 가능성이 적은 게 맞지 않나요?

솔직히 말하면 육분은 말 그대로 여러 고기가 섞여 있기 때문에 제대로 된 원재료를 쓴 것인지 확인하기 어렵습니다. 그러나 그렇다고 해서 무조건적으로 "생고기를 선택하는 것이 좋다"라고 단정 지어선 안 된다는 것이 제 의견이에요. 원재료의 문제는 아무리 생고기를 사용했다고 하더라도 동일하게 나타날 수 있기 때문입니다.

우재쌤

집사K

생고기의 원재료에도 문제가 있을 수 있다는 말씀이신가요?

당연하죠. 원재료의 상태가 불량한 것은 생고기를 사용할 경우에도 똑같이 발생할 수 있는 문제예요. 신선한 고기만 들어있는 것이 아니라 유통기한이 지난 고기를 포함할 가능성은 똑같이 존재하고요, 생고기가 사료 업체로 이송될 때 제대로 환경 유지가 되지 않는다면 고기가 쉽게 부패할 수 있습니다. 물론 생육의 경우 고가 마케팅 전략에 맞게 위생을 관리하기 때문에 고기가 부패되는 사고는 자주 발생하지 않을 겁니다. 다만 불량한 상태로 고기가 유통되더라도 소비자들은 이를 알 길이 없다는 게 문제겠죠.

우재쌤

집사K

제대로 된 원료를 먹이고 싶어서 생고기 문구가 적힌 사료를 택하는 건데... 생육을 무작정 '좋은 고기'라고만 철석같이 믿어선 안 되겠네요. 그럼 대체 사료 원료의 어떤 점을 기준으로 살펴봐야 하는 거죠?

육분이 들어갔든 생육이 들어갔든 제대로 확인해야 하는 사항은 똑같습니다. 앞선 챕터에서 말씀드린 것처럼 영양소의 배합이 적절한지, 독소나 오염물질로 인한 리콜 사례는 없었는지, 사료업체가 자체적으로 전문적인 연구(R&D)를 진행하는지, "닭가슴살 건조 육분"처럼 원재료와 그 출처가 세부적으로 쓰여 있는지 등을 꼼꼼히 점검하는 것이 중요해요.

우재쌤

집사K

그래도 아직 고기 분말을 주원료로 쓴 사료가 찜찜한 것은 어쩔 수 없네요. 이젠 생육마저 살짝 의구심이 들고요. 차라리 조금 더 돈을 들여서 '동물 복지' 인증이 붙은 사료를 먹이는 것이 가장 마음이 편하겠어요.

까다로운 인증을 거친 사료를 찾아 먹이는 것도 좋은 방법이겠네요. 그러나 재료의 신선도뿐만 아니라 영양학적으로도 적합한지 살펴보셔야 한다는 점, 꼭 잊지 말아주세요!

우재쌤

사료 파헤치기

사료 포장지에 모든 성분이 표기된 것은 아니에요!

인터넷에서 '고양이 사료'를 검색해보면, 성분표에 적힌 사용 원료 리스트와 영양소 함량을 기준으로 사료를 추천·비추천하는 글을 쉽게 찾아볼 수 있습니다.

그러나 한 가지 분명한 것은, 사료 포장지의 성분표만으로는 모든 영양 성분에 대한 자세한 정보를 알기 힘들다는 사실입니다. 시중에서 판매되는 대부분의 사료 포장지를 들여다보면 단순히 '많이 들어간 순'으로 원료가 나열되어 있거나, 1~2% 이하로 사용된 원료는 아예 표기조차 되어 있지 않은 경우가 많기 때문이지요. 이렇다 보니 소비자들은 각 사료에 어떤 원료가 얼마나 사용되었는지, 고양이가 어떠한 영양 성분을 섭취하게 되는지 세세히 알기 어려울 수밖에 없습니다.

영양학 전문가인 제가 사료 성분표를 살펴보아도 마찬가지입니다. 고양이 보호자님들을 위해 브랜드별·제품별 사료 성분표를 비교하여 정리해두려고 한 적이 있었는데, 성분표에 적힌 내용만 가지고는 얻을 수 있는 객관적인 자료가 너무 제한적이라 포기했던 기억이 있습니다. 오메가3지방산, 비타민, 아미노산, 구리, 아연과 같은 영양 성분의 함량이 제대로 표기된 성분표는 거의 찾아볼 수 없었기 때문이지요. 위와 같은 영양소는 영양학 측면에서 고양이 건강에 꽤 중요한 성분인데도, 현행 사료관리법상 반드시 표기해야 하는 성분 리스트에 포함되어 있지 않습니다. 진정으로 반려동물의 건강한 삶을 위한다면 사료에 함유된 영양소가 좀 더 자세하게 표기될 수 있도록 법적인 토대가 좀 더 보완되어야 하지 않을까 싶습니다.

영어 원문으로 표시된 사료의 정보를 읽는 방법

사료 겉면에는 한국어로 번역한 라벨이 붙어있긴 하지만 영어 원문으로 된 라벨을 읽을 줄 알면 조금 더 자세한 영양소 정보를 확인할 수 있습니다. 많은 보호자가 선택하시는 미국의 수입 사료(건사료)를 기준으로 라벨 읽는 법을 간단히 소개해드리겠습니다.

미국에서 만드는 사료는 미국 정부의 규제에 따라 라벨을 작성하게 돼 있습니다. 따라서 미국에서 제조된 모든 고양이 사료는 아래와 같이 구성이 동일합니다. 단, 보기 좋게 한 면에 정리하지 않고 사료 겉봉지의 곳곳에 아래 정보가 산재한 경우도 있습니다.

- **제품명**Product Name: 여유가 없어 마트에서 사료를 재빨리 구입하는 경우 포장지 겉면에 크게 적인 제품명을 참고하는 경우가 많은데요. 같은 닭고기로 만들었다고 해도 제품명 표기 방식은 제각각입니다. 예컨대 "닭고기 고양이 사료Chicken Cat Food"라고 표현하기도 하고 "닭고기 디너dinner, 앙트레entrée, 포뮬러formula, 플래터platter" 혹은 "닭이 포함된 고양이 사료Cat Food with Chicken"라고 표기하기도 합니다. 이렇게 제품명만 보고도 주원료를 파악할 수 있지만, 그렇지 않은 경우도 있습니다. 따라서 정확한 주원료를 확인하고 싶다면 제품명보다는 중량에 따라 내림차순으로 기재된 '사용 원료'를 확인하는 것이 정확합니다.

- **순 중량**Net weight: 포장을 제외한 내용물, 즉 사료의 무게입니다.

- **용도**Statement of purpose or intent: '고양이용 사료'임을 밝히는 부분입니다.

- **사용 원료**Ingredient list: 현행법에 따라 반드시 사료에 많이 들어있는 원료 순서대로 기재됩니다. 즉 함량이 높고 중량이 무거운 것부터 가벼운 것 순서로 표기되는 것이지요. 단 여기서의 중량은 수분을 포함한 무게를 말합니다. 예컨대 닭고기처럼 수분함량이 높고 무거운 원료는 타 원료들보다 위에 표시됩니다.

- **보증 성분**Guaranteed analysis: 여기에는 영양소 함량이 표시됩니다. 다만 단백질, 지방, 섬유질fiber, 수분 함유량만 의무적으로 표기하고, 그 외의 영양소는 사료회사가 선택하여 표기하기 때문에 단순히 라벨에 적힌 내용만 보고는 모든 영양소가 골고루 배합되었는지 정확히

알 수 없습니다.

- **급여 방법**Feeding directions: 고양이의 무게에 따른 일반적인 급여량과 급여 방법을 안내합니다. 이것은 단지 평균적인 가이드라인이므로 내 고양이의 특성에 맞는 정확한 급여 방법을 알고 싶다면 수의사에게 물어보는 것이 가장 좋습니다.

- **영양 적절성**Nutritional adequacy statement: 생후 1년 미만의 고양이나, 성묘Adult, 실내묘Indoor 등 나이 혹은 특정 라이프 스타일의 고양이를 대상으로 만들었다는 표시입니다.

- **책임 표시**Statement of responsibility: 제조사의 연락처와 연락방법이 적혀 있습니다. 다국적 기업의 경우 국가별 대표 전화번호를 나열하기도 합니다.

─ '조단백질'과 '단백질'의 차이는? ───────

표기법상의 차이일 뿐입니다. 단백질, 지방, 섬유질의 함량을 표시할 때에 "대략적인 (Crude)"이라는 의미를 붙이는 것이지요. 우리말로는 조단백질(Crude protein), 조지방 (Crude fat), 조섬유질(Crude fiber)이라고 표기합니다. 사료에 함유된 영양소를 분석하는 기법에 따라 그렇게 표시한 것이라고 생각하면 됩니다.

생소한 외국 원료(Ingredients) 표기법, 제대로 살펴보기

Ingredients : Chicken, Whole Grain Wheat, Corn Gluten Meal, Brewers Rice, Powdered Cellulose, Pork Fat, Wheat Gluten, Dried Beet Pulp, Chicken Liver Flavor, Calcium Sulfate, Lactic Acid, Potassium Chloride, Choline Chloride, vitamins{Vitamin E Supplement, L-Ascorbyl-2-Polyphosphate(source of Vitamin C), Niacin Supplement, Thiamine Mononitrate, Vitamin A Supplement, Calcium Pantothenate, Riboflavin Supplement, Biotin, Vitamin B12 Supplement, Pyridoxine Hydrochloride, Folic Acid, Vitamin D3 Supplement}, Taurine, Calcium Carbonate, minerals(Ferrous Sulfate, Zinc Oxide, Copper Sulfate, Manganous Oxide, Calcium Iodate, Sodium Selenite), L-Carnitine, Oat Fiber, Mixed Tocopherol for freshness, Natural Flavors, Beta-Carotene, Apples, Broccoli, Carrots, Cranberries, Green Peas.

사용 원료가 표기된 라벨 예시

사용 원료는 위와 같이 사료에 많이 함유된 순서대로 표기됩니다. 영문으로 표기된 원료 중 정확한 의미를 알아둘 필요가 있는 것을 정리해보았습니다.

- 고기Meat: 사료로 가공되기 위해 도축된 포유류의 살코기를 뜻하는데요. 여기서 살코기란 우리가 생각하는 고깃살 이외에도 살코기에 딸려 나오는 지방과 피부, 힘줄, 신경, 혈관 등이 포함될 수 있습니다.
- 고기 부산물Meat by-product: 가공(렌더링)되지 않은, 살코기를 제외한

나머지 부위를 뜻합니다. 여기에는 폐, 비장, 신장, 뇌, 간, 피, 뼈, 위장과 소장 등이 포함될 수 있으나 털, 뿔, 치아, 발굽은 고기 부산물에 포함되지 않습니다.

- 고기 분말Meat and meal: 육류의 조직을 가공(렌더링)해서 단순히 분말 형태로 만들어낸 것을 의미합니다. 좋은 제조 과정을 거친 사료의 경우 피, 털, 뿔, 발굽이나 버려지는 축산물 찌꺼기, 배설물, 제1위(소의 4개의 위 중 하나)를 제외한 고기만을 씁니다.

- 고기와 육골분Meat and Bone meal: 육류의 조직을 가공(렌더링) 해서 '곱게 갈린 상태'로 만들어낸 것을 뜻합니다. 참고로 육골분은 동물의 조직과 뼈(피, 털, 뿔, 발굽, 버려지는 축산물 찌꺼기, 배설물, 위장, 제1위는 제외함)가 포함되어 함께 갈리기 때문에 고기 분말보다 칼슘과 인의 함량이 좀 더 많은 편입니다.

- 가수분해된 고기Hydrolyzed meat: 특수한 과정을 거쳐 고기 원료를 훨씬 작은 단위의 입자로 분해한 것을 뜻합니다. 고양이가 특정 단백질 원료에 식이 알레르기 반응을 보이거나, 염증성 장질환IBD 등을 앓고 있는 경우 증상을 완화하기 위한 처방식에 가수분해된 단백질원이 쓰이는데요. 이밖에도 가수분해된 단백질은 소화 흡수력을 높이고 분변지수를 개선하는 용도로 활용되거나, 사료의 기호성을 높이는 향미제의 원료로 사용되기도 합니다.

가수분해된 고기는 단순히 원료의 형태를 잘게 부수거나 갈아버린 고기 분말·육골분과는 다른 개념입니다. 육골분처럼 뼈를 포함해서는 안 되고, 영양소의 파괴를 최소화하면서 매우 작은 입자로 분해해야 하기 때문에 세밀한 작업을 거쳐야만 하지요. 까다로운 고도의 기술을 요하다 보니, 국내에서는 시도조차 어려워 가수분해된 고기 원료는 다른 원료보다 단가가 높은 편입니다.

- 어분Fish meal : 통 생선 혹은 생선의 일부를 갈아서 만들어낸 가루입니다.

- 빻은 곡물ground corn: 다지거나 곱게 간 곡식의 알맹이가 포함되었다는 뜻입니다.

- 옥수수 글루텐박Corn gluten meal: 옥수수로 전분과 시럽을 만드는 과정

— '유기농'과 '내추럴' 인증 마크, 같은 것일까?

제품명에 큼직막하게 "유기농(Organic)" 또는 "내추럴(Natural)" 이라고 표기된 사료들도 있는데요, 이 둘은 엄연히 다른 의미를 지닙니다. 먼저 유기농 인증 사료란 미국농무부(USDA)의 생산 규정에 따라 재배단계에서부터 살충제, 화학비료, 농약을 일절 쓰지 않고, 보존을 위한 방사선 처리, 유전자변형식품(GMO)을 사용하지 않은 사료를 뜻합니다. 원료의 95% 이상이 이에 해당하는 경우, 유기농(organic) 인증 마크를 부착합니다(참고로 "Made with organic"은 유기농 원료 비율이 70~94%인 경우를 뜻합니다). 그러나 유기농 마크는 원료의 처리과정에 대한 인증일 뿐 영양소가 골고루 잘 배합되어 있는지를 평가한 것이 아닙니다. 따라서 모든 유기농 사료를 '질 높은 사료'라고 볼 수는 없겠지요.

반면 내추럴 사료는 모든 사료회사에서 비교적 자유롭게 표시할 수 있습니다. AAFCO에서 내추럴 사료로 인정하는 기준을 따로 정의하고 있지 않기 때문입니다. 인공적으로 합성된 비타민, 미네랄, 아미노산을 넣어도 내추럴이라는 마크를 부착할 수 있기 때문에 그렇게 큰 의미는 없는 표시라고 볼 수 있습니다.

에서 배아(씨앗의 일부)와 대부분의 전분을 빼내고 옥수수겨를 분리한 후 남은 것입니다.

사료에 들어 있는 보존제, 괜찮은 걸까?

사료에 보존제가 들어 있는 이유

그렇다면 사료 회사들은 왜 고양이 사료에 보존제를 첨가하는 것일까요? 그 이유는 지방, 비타민과 같은 중요한 영양 성분이 유효 기간 내에 산패하는 것을 막고 사료의 신선함을 오랜 시간 유지하기 위해서입니다. 산패 작용이란, 지방 등의 영양소가 공기 중의 산소에 노출되거나 공기 중의 미생물과 결합하여 건강에 유해한 물질을 생성하는 현상을 말합니다.

특히 불포화지방산이 산패될 경우 '알데하이드aldehyde' 등의 유해물질이 만들어지는데요. 해당 물질은 암을 유발하는 물질로도 알려져 있어, 사료를 제조할 때 각별하게 주의를 기울여야 합니다. 따라서 사료업체들은 사료의 영양 성분이 산패되어 고양이 건강에 치명적인 물질을 만들어내는 것을 막기 위해, 산화방지제와 같은 보존제를 소량 첨가하는 것이지요.

그런데 꽤 많은 보호자께서 "고양이가 사료에 포함된 '보존제' 등의 첨가물을 먹어도 괜찮을지"하고 걱정하시는 것으로 압니다. 물론 보존제를 과다하게 섭취할 경우 고양이 건강에 문제가 발생할 수는 있겠지요. 그러나 크게 걱정하지 않으셔도 될 듯합니다. 이전보다 사료 포장 기술과 원료 내 수분함량을 조절하는 기술이 훨씬 발달한 덕분에, 시중에서 판매되는 대부분의 사료에는 고양이가 섭취해도 유해하지 않을 정도의 보존제만 첨가되어 있기 때문입니다.

보존제보다 더 위험한 '곰팡이독소'

사실, 보존제 등의 합성첨가물보다 더 걱정하셔야 할 것은 바로 '곰팡이독소'의 섭취입니다. 고양이가 일정 함량 이상 곰팡이독소를 섭취하게 되면 건강에 치명적인 문제가 생길 수 있기 때문이지요.

곰팡이독소는 수분이 많을수록, 햇빛 등에 의해 주변 온도가 따뜻해질수록 발생할 가능성이 큽니다. 따라서 사료업체는 유효 기간 내 곰팡이독소 발생을 최대한 억제하기 위해 사료 제조 시 수분함량을 면밀히 조절하고, 소비자들에게 "꼭 통풍이 잘 되는 서늘한 곳에 사료를 보관하라"는 주의 사항을 당부하고 있습니다.

곰팡이독소에 관한 관심이 높아지면서, 현재 우리나라를 비롯한 전 세계에서는 사료 제조 시 반드시 곰팡이독소에 대한 검사를 하도록 사료관리법 등을 통해 규제하고 있는데요. 사료 제조 과정해서 발생한 곰팡이독소가 고양이 건강에 부정적인 영향을 끼치지 않도록, 곰팡이독소 종류별로 관리 기준(허용 범위) 가이드라인을 다음과 같이 제시하고 있습니다.

곰팡이 독소의 종류	고양이용 식품	사람용 식품		비고
	국내 사료관리법	세계보건기구 WHO	미국식약청 FDA	
아플라톡신 Aflatoxin B1	10ppb (어린 송아지)*	0.5mg/kg (개)	20ppb	간 독성물질
디옥시니발레놀 Deoxynivalenol(DON)	900~10,000ppb	70mg/kg (생쥐)	5ppm	
오크라톡신 A OchratoxinA(OTA)	200ppb 250ppb	20~30mg/kg (쥐·rat)		신장 독성물질
시트리닌 Citrinin				신장 독성물질
푸모니신 Fumonisin	10K~60K ppb		5ppm	미국 AAVLD는 20ppm 이하를, 국내 사료관리법은 6ppm 이하를 권고(사람용 식품)
푸모니신(B1+B2) Fumonisine(B1+B2)	10K~30K ppb			
제랄레논 Zearalenone	100~3,000 ppb			생식·번식 문제 야기(Reproductive)
T-2/HT-2	250~2,000 ppb	4mg/kg		

*괄호 안 동물을 실험·연구하여 얻은 데이터를 고양이/사람 기준에 적용한 값
사료관리법(2020. 3. 24.), WHO, FDA의 유해 물질 함량 가이드라인을 참고하여 작성

곰팡이독소별 법적 규제 함량(최대량)

　사람이 먹는 식품에 비해 저렴한 원료로 대량 생산하다 보니, 동물 사료의 곰팡이독소 발생률을 낮추기 위해서는 위생을 더욱 철저하게 관리해야 합니다. 더욱이 고양이처럼 몸집이 크지 않은 동물일수록 곰팡이독소에 더 민감하게 반응할 수 있어 각별하게 주의해야 합니다.

　다만 아쉽게도, 현행 사료관리법에서 규정하고 있는 곰팡이독소의 최대 함량 기준은 아직 개체별 특성에 따라 세분화되어 있지는 않습니다.

어떤 동물의 사료를 제조하든, 동일한 가이드라인을 준수하여 곰팡이독소를 조절하길 권고하고 있는 것입니다. 얼마나 오래 걸릴지 모르겠습니다만, 하루빨리 동물 각각의 신체 특성을 고려한 '맞춤형 사료관리법'이 만들어지길 간절히 바라봅니다.

보존제를 넣지 않고 먹거리를 만들 순 없을까?

앞서 보존제 섭취에 대한 걱정은 하지 않으셔도 된다고 말씀드렸지만, 그래도 화학 첨가물 섭취는 최대한 피하고 싶은 것이 집사님들의 마음일 겁니다. 많은 분께서 제게 "보존제 등의 첨가물을 넣지 않고 고양이 먹거리를 만드는 방법은 없느냐?"라고 묻곤 하시는데요.

결론부터 말씀드리자면, 시중에 판매되는 먹거리 중 보존제 없이 '완전 멸균'되어 나오는 제품들이 있긴 합니다. 캔이나 파우치 등으로 포장된 습식 먹거리가 여기에 해당되지요. 완전 멸균된 상태로 캔·파우치 등의 특수 포장재에 밀봉된 덕분에 보존제를 첨가하지 않을 수 있다는 장점이 있지만, 개봉한 후에 먹거리 성분이 빠르게 변질될 수 있어 주의해야 합니다. 이 때문에 거의 모든 제품이 소량으로만 포장되어 판매되고 있습니다.

두 번째 방법은 원료를 건조시키는 것입니다. 수분의 함량을 최소화하여 먹거리를 제조하는 방법인데요. 수분을 1~2% 내로 조절한 먹거리는 곰팡이나 미생물에 오염될 가능성이 거의 없습니다. 이 때문에 사료 회사들은 원료의 수분을 급속 냉각시켰다가 기체 상태로 날려 보내는 (이를 '승화 작용'이라고 부릅니다) '동결건조' 방식 등을 활용하여 고양이 먹거리의 수분함량을 줄이곤 합니다. 하지만 수분함량이 적어질수록 작은 힘에도 쉽게 바스러지는 데다, 오래 보관하면 알갱이가 굉장히 딱딱해지기 때문에 고양이들의 기호성이 떨어진다는 치명적인 단점이 있습니다. 아무리 곰팡이 등의 유해물질로부터 안전하다고 해도, 고양이가 잘 먹지 않는다면 아무 소용이 없겠지요? 따라서 고양이들이 부드럽게 씹을 수 있는 질감을 얻기 위해서, 그리고 농축된 소변을 보는 고양이들의 건강을 위해서 어느 정도의 수분은 고양이 먹거리에 반드시 함유되어야 합니다.

이밖에도 원료를 소금이나 설탕에 절이는 방법 등으로 미생물의 서식과 곰팡이균을 막을 수 있겠지만, 이러한 방법은 고양이 건강에 좋지 못

― 사료를 보관할 때 이것만은 주의하세요! ―――――――――

실내 온도가 높다고 해서 고양이용 사료를 냉장고에 넣어 보관해선 안 됩니다. 포장지 안팎의 온도 차이로 습기가 생겨 내용물이 오염될 위험이 커지기 때문입니다. 따라서 고양이 사료는 반드시 그늘진 상온에 보관하셔야 합니다. 참고로 도자기 재질의 용기나 밀폐·진공 포장이 가능한 용기에 사료를 보관하면 사료의 풍미를 좀 더 유지할 수 있습니다.
간혹 사료를 다른 그릇에 조금씩 옮겨 담는 경우가 있는데요. 사료 봉투는 공기와의 접촉을 최소화하도록 설계되어 나온 것이기 때문에 포장된 봉투 그대로 잘 밀봉하여 보관하는 것이 가장 안전합니다. 공기가 통하지 않도록 입구를 잘 집어두거나 뚜껑 있는 용기에 사료 봉투째 넣어 보관하면 더 좋겠지요? 그리고 개봉된 상태로 오랜 시간 두지 않도록, 소포장된 사료를 구매하는 것도 좋은 방법입니다.

한 영향을 줄 수 있기 때문에 고양이 먹거리를 만드는 데 절대 쓰여선 안 됩니다. 나트륨함량이 높으면 고양이의 심장 및 신장 건강에 치명적일 수 있으며, 스스로 혈당을 조절하기 힘든 고양이의 생리학적 특성상 단 음식은 고양이의 혈당수치를 급격히 높일 위험이 크기 때문입니다.

혹시 고양이 사료의 첨가제가 너무 신경 쓰여 고민이 되신다면, 파우치 등에 담긴 건조식품이나 완전 멸균되어 특수 포장재에 밀봉된 습식 먹거리를 찾아보시길 권합니다. 최근에는 가루(파우더)에 물을 섞어 '퓨레furet'처럼 만들어주는 제품까지 출시된 것으로 알고 있는데요. 얼마 지나지 않은 미래에는, 하루에 필요한 급여량만큼 영양소가 골고루 배합되어 있고 낱개로 포장된 건사료가 출시될 수도 있겠다는 생각이 듭니다.

지금까지 사료에 들어있는 보존제와 고양이 건강에 악영향을 끼칠 수 있는 위해 요소들을 살펴봤습니다. 사람이든 동물이든 건강과 직결되는 음식의 경우, 식품의 신선도와 산패 위험 등을 방지하기 위해 관련법과 지침에 따라 엄정하게 관리되고 있으며 안전한 범위 내에서 보존제를 첨가하고 있다는 사실을 설명해드렸습니다.

만일 고양이에게 생식을 챙겨주시는 보호자님이라면, 지방 성분이 산패해 유해물질(과산화물, 알데하이드, 케톤 등)을 만들어내지 않도록 각별히 신경 써주셔야 합니다. 생식을 준비하실 때에는 한 번에 너무 많은 양(일주일치 이상의 양)을 만들어두지 않는 편이 좋으며, 공기와의 접촉을 최대한 차단하는 방식으로 보관하시는 것이 안전합니다. 생식과 관련된 내용은 뒷 챕터에서 좀 더 자세히 말씀드리겠습니다.

건식 vs 습식, 여러분의 선택은?

"건식과 습식의 장단점은 무엇인가요?", "한 가지만 먹어야 한다면 아무래도 습식이 낫겠죠?", "평생 건사료만 먹으면 고양이도 지겨워하지 않을까요?"

상담하러 오신 고양이 보호자님의 단골 질문들을 한번 모아봤습니다. 건식이냐, 습식이냐. 단번에 결정하기 참 쉽지 않은 문제입니다. 사랑하는 내 고양이에겐 과연 어떤 형태의 급식이 가장 유리할까요?

건식과 습식의 장단점 비교

영양 배합(포뮬러)가 거의 동일하다는 전제하에 건식과 습식을 비교해보겠습니다. 먹거리 형태별로 각각 장단점이 있는데요. 먼저 건식은 수분 함량이 적기 때문에 비교적 보관이 쉽고 비용이 저렴하다는 장점이 있

– 습식보다 건식이 영양소를 조절하기 용이한 이유?

같은 양의 영양소를 추가하더라도 실질적인 함량은 수분에 따라 다르게 측정됩니다. 예를 들어 수분이 10%인 건식에 칼슘을 0.1g 추가한 것과 수분 80%인 습식에 칼슘을 0.1g 추가한 것은 같을 수 없습니다. 수분 10%에서는 0.1g의 칼슘이 나머지 90%에 영향을 주는 것이고, 수분 80%에서는 0.1g의 칼슘이 나머지 20%에 영향을 주는 것이기 때문입니다. 따라서 처방식 등 영양소의 함량을 미세하게 조정해야 하는 경우에는, 오차 범위가 크게 나타날 수 있는 습식 대신 건식을 사용하는 편입니다.

으며, 영양소를 미세하게 조절하여 균형을 맞추기에 용이해 처방식으로도 자주 쓰이곤 합니다. 하지만 평소에 수분을 많이 섭취하지 않는 고양이라면 결석이 생길 가능성이 그만큼 더 높아지겠지요.

반면 습식은 대부분 수분함량이 80% 이상이기 때문에 반려묘의 수분 섭취량을 늘리고 결석질환을 예방하는 데 도움을 줄 수 있습니다. 다만 알갱이가 무르기 때문에 치아를 제대로 관리하지 않으면 구내염이나 치석 등에 취약해질 수 있어 조심해야 합니다. 또한 건식에 비해 가격이 꽤 높은 편이라 주식으로 급여하기엔 경제적으로 부담이 될 수 있다는 단점이 있습니다.

건식의 장점	습식의 장점
- 수분 함량이 적어 영양소의 함량, 균형을 맞추기 용이 - 치석 억제 효과 - 가성비가 높은 편	- 수분 섭취량 증가로 결석 예방 효과 - 적은 양으로도 포만감 유발 가능, 비만 완화 효과 - 비교적 높은 기호성

이렇듯 각각의 장단점이 뚜렷하다 보니, 내 고양이에게 어떤 형태의 먹거리를 주식으로 급여하는 것이 좋을지 고민이 많아질 수밖에 없을 겁니다. 결정하는 데 큰 어려움을 겪고 계시다면, 일단 고양이의 현재 건강 상태를 먼저 점검하고 주치의에게 조언을 구해보세요. 습식과 건식 중 여러분의 고양이에게 급여하기에 적합한 먹거리를 함께 고민해주실 겁니다.

아마 대부분의 수의사가 비슷한 처방을 내리겠지만, 일일 음수량에 크게 문제가 없고 입맛이 까다롭지 않은 고양이라면 건사료를, 노령묘이거나 결석 질환을 앓은 적이 있다면 비용이 더 들더라도 습식을 급여하시길 권합니다.

또한 경우에 따라 건식과 습식을 혼용하길 권할 때도 있습니다. 건식과 습식 각각의 장단점을 보완하기 위해서이지요. 고양이가 건식을 잘먹지 않는다거나, 약을 먹여야 할 때 건식과 습식을 섞어 주면 쉽게 해결할 수 있습니다. 또한 건식을 급여하면서 가끔씩(2~3일마다 한 끼니 정도) 습식을 섞어주는 방법은 수분을 보충하면서 영양소를 골고루 섭취하는 데에도 도움이 됩니다.

인터넷 커뮤니티에서 '건식이 나은가 습식이 나은가'에 대한 논란은 여전히 뜨겁습니다. 각각의 장단점이 있고 고양이의 신체적 특성에 따라 적합한 식품은 다 다르기에, 어느 한쪽의 먹거리가 100% 좋다고 말할 순 없겠지요. 내 고양이의 건강 상태는 어떠한지 집사가 제대로 알고 공부해야 고양이에게 딱 맞는 '좋은 먹거리'를 찾아낼 수 있다는 사실을 꼭 기억해주셨으면 합니다.

촉촉하면 다 습식? 주식 캔과 간식 캔의 차이

캔에 들어 있는 촉촉한 식품이라고 해서 다 같은 습식은 아닙니다. 습식 사료는 흔히 '주식 캔'과 '간식 캔'으로 구분되곤 하는데요. 이 두 가지 습식 캔에는 어떤 차이가 있는지, 어떻게 구별하면 좋을지 쉽게 설명해

Date	Brand Name(s)	Product Description	Recall Reason Description	Company Name
01/11/2021	Sportmix, Nunn Better, ProPac, and Others	Dog and Cat Pet Food	Aflatoxin Levels Exceed Acceptable Levels	Midwestern Pet Foods Inc.
12/30/2020	Sportmix	Dog and Cat Food	Elevated levels of aflatoxin	Sportmix
05/29/2020	CHS Inc.	Champion Meat Goat Pellets R20, Medicated Feed	Due to elevated level of Rumensin (monensin)	PGG/HSC Feed Company, LLC, dba CHS Nutrition
04/08/2020	Rad Cat	Free-Range Chicken and Turkey Recipes (Raw Diet) for Cats	Potential to be contaminated with Listeria monocytogenes	Radagast Pet Food, Inc.

※ www.fda.gov/animal-veterinary/safety-health/recalls-withdrawls
(홈페이지에서 영문으로 제품명을 검색하면 리콜 여부를 알 수 있습니다.)

FDA 홈페이지, 리콜된 제품리스트 캡처

드리겠습니다.

습식 사료에는 보통 수분이 80% 이상 함유되어 있습니다. 이렇다 보니 습식 사료를 제조할 때에는, 고양이에게 필수적인 미네랄과 비타민 등 작은 영양소의 함량을 조절하기가 굉장히 까다롭습니다. 비타민과 미네랄 함량 등의 조건을 다 갖추어 제조된 습식 캔은 '주식 캔' 혹은 '처방식 캔'으로 불리는데요. 주식 캔은 상당히 까다로운 품질관리가 요구

— 음수량이 걱정돼 습식을 먹이고 싶은데 비용이 부담된다면?

건사료를 물에 불린 후 급여해주는 방법을 시도해보세요. 다만 고양이에게는 조금씩 여러 번에 걸쳐 나눠먹는 특성이 있기 때문에, 물에 불린 건사료를 챙겨주실 때에도 조금씩 자주 급여해주셔야 합니다. 또한 습한 여름철에는 물에 불린 건사료에 곰팡이가 발생하기도 하므로 보호자님이 자주 확인하시면서 위생 관리를 해주셔야 합니다.

되기 때문에 개당 단가도 타 사료에 비해 비싼 편입니다.

반면 '간식 캔'은 주식 캔에 비해 필수 영양소의 배합이 정밀하지 못한 경우가 많습니다. 티아민(비타민 B1) 성분의 부족, 비타민 D 과다 함유, 칼슘 과량으로 인한 리콜 사례도 적지 않은 편이지요. 따라서 습식을 급여하실 때에는 가급적 주식 캔을 주시는 것이 바람직하며 간혹 간식 캔을 주더라도 반드시 영양 성분이 적절히 함유된 제품인지, 리콜된 제품은 아닌지 FDA 홈페이지를 통해 확인하시기 바랍니다.

여러 종류의 건사료를 섞어 먹여도 괜찮을까?

입맛이 까다로운 고양이를 위해 여러 종류의 건사료를 섞어 급여해주시는 보호자님이 간혹 계시는데요. 이 경우 고양이의 기호성을 이전보다 높일 수는 있겠습니다만, 각 사료의 고유한 맛이나 영양학적 기능은 그만큼 반감될 수밖에 없습니다. 또한 건사료를 섞어 장기간 급여하게 되면, 이후 고양이에게 건강상의 문제가 생겼을 때 어떤 사료가 원인이 되었는지 파악하기 어렵다는 단점도 있습니다. 따라서 건사료를 섞어 급여하시는 것은 특별한 경우를 제외하고는 권해드리고 싶지 않습니다.

물론 필요에 따라 사료를 섞어야 할 때도 있긴 합니다. 아기 고양이(키튼)가 성장해서 어덜트 사료로 바꿔주어야 하거나 특정 질환을 앓게 되어 처방식 사료를 급여해야 하는 경우입니다. 이때 주의할 점은 기존 사료와 새로 먹이려는 사료의 양을 잘 맞추어가며 섞어주셔야 한다는 점인데요. 새로운 사료의 비율은 천천히, 조금씩 늘려가는 것이 좋습니다. 기존에 섭취해오던 식단이 갑작스럽게 달라지면 고양이들이 음식의 섭취 자체를 거부할 수 있는 데다, 민감한 고양이의 경우 장에 무리가 갈 수도 있어 이를 방지하기 위해서는 새로운 사료를 한 번에 모두 바꿔주지 않는 것이 바람직합니다.

질병에 따라 먹이는 처방식 사료

신부전, 피부질환, 소화계질환 등은 고양이가 걸리기 쉬운 질병에 속합니다. 질환을 완화하는 방법은 여러 가지가 있을 수 있겠습니다만, 그 중에는 '처방식 급여'를 통해 식단 관리를 해주는 방법이 대표적입니다.

따라서 이번 챕터에서는 처방식 급여 여부를 두고 주치의와 상담하실 때에 미리 알아두시면 도움이 될 영양 정보를 정리해드리려고 합니다. 고양이가 자주 걸리는 질환과 이를 위한 처방식 사료로는 어떤 것이 있는지, 처방식 별로 영양소 함량은 어떤 차이가 나는지, 눈여겨봐야 할 것들은 무엇인지 직접 연구한 자료를 바탕으로 간략히 설명해드리겠습니다.

설명을 시작하기 전에, 여러분께서 명심하셔야 할 한 가지가 있습니다. 처방식 사료는 고양이의 질환을 완화하기 위한 '세심하고, 특별한 식단'이라는 점입니다. 아무리 동일한 질병을 앓고 있다고 해도 고양이의 건강 상태에 따라 급여해야 할 처방식 사료의 식단(포뮬러)은 미세하게 다를 수 있으며, 급여 기간과 급여량도 서로 다를 수밖에 없습니다. 따라서 이어질 처방식에 관한 내용을 참고하여 미리 공부해두시되, 내 고양이에게 딱 맞는 처방식을 선택할 때에는 반드시 주치의와 충분히 상담하시길 권합니다.

하부요로기계 처방식

'결석 처방식'이라고도 불리는 하부요로기계 처방식은 대체로 나트륨함량이 높은 편입니다. 나트륨 농도가 높은 사료를 먹음으로써 고양이의 음수량을 늘리는 것이 목적이기 때문이지요. 음수량이 증가하면 방광의

— 염도가 높은 결석 처방식, 장기간 복용해도 괜찮은 건가요? —

처방식의 급여 기간은 기본적으로 고양이의 상태에 따라 천차만별입니다. 증상이 크게 호전되었는데 이전과 동일한 양의 처방식을 먹을 필요는 없겠지요. 따라서 고양이에게 처방식을 급여하기 시작했다면 주기적으로 검사를 받으며 처방식 급여량 등을 상담하는 것이 바람직합니다.

결석 외에 다른 질환을 앓고 있지 않은 고양이라면, 처방식의 나트륨함량은 별다른 문제를 일으키지 않을 만큼 안전하게 설계되어있으므로 걱정하지 않아도 됩니다. 참고로 신부전 1단계를 앓고 있는 고양이가 결석 처방식을 섭취해도 무방하다는 연구결과가 널리 알려져 있기도 합니다. 하지만 만일 고양이가 심혈관 질환을 앓고 있는 경우라면 다릅니다. 나트륨 함량이 많아지면 심혈관계에 부정적인 영향을 끼칠 수 있기 때문에 될 수 있으면 결석 처방식을 급여하지 않는 편이 좋습니다.

이처럼 아무리 좋은 처방식이라도 고양이의 건강 상태에 알맞게 급여하지 않으면 부작용이 따를 수 있으므로 반드시 병원에 방문해 고양이에게 적합한, 전문적인 처방을 받으시기 바랍니다. 특히 노령묘의 몸은 일반적인 성묘보다 더 민감하게 반응할 수 있기 때문에 더욱 주의해야 합니다.

포화도가 낮아져 결석이 발생하는 것을 어느 정도 막아줄 수 있습니다. 따라서 일반 성묘 사료의 나트륨함량이 0.3~0.6%인 것과 달리, 결석 처방식의 나트륨함량은 1% 이상인 경우가 많습니다.

반대로, 단백질과 마그네슘함량은 다른 사료들보다 낮은 편입니다. 그 이유는 결석의 종류와 관계가 있는데요. 주로 발견되는 '칼슘 옥살레이트'나 '스트루바이트'와 같은 결석은 마그네슘, 그리고 단백질에 들어있는 질소를 원료로 하여 만들어진다는 이론 때문입니다. 따라서 해당 성분의 함량을 조금 낮춰준다면 결석의 발생을 어느 정도 억제할 수 있게 됩니다.

신부전 처방식

이번엔 '신장질환 처방식'으로 불리는 '신부전 처방식'을 살펴보겠습니다. 신장은 혈류량과 혈압을 조절하고 영양소를 재흡수하거나 대소변으로 배출하는 등 고양이의 몸에서 중요한 기능을 하는 기관입니다. 만일 신장의 기능이 75% 이하로 떨어져 유지가 되지 않을 경우 신부전 진단을 받게 되고, 이때부터 처방식을 급여하게 됩니다.

신부전 처방식은 일반 사료에 비해 단백질함량이 낮은 편입니다. 단백질에 포함된 질소가 신장의 대사 작용에 문제를 일으킬 수 있다는 연구 결과가 아직 우세하기 때문에, 신부전 처방식에서는 대부분 최저함량의 단백질만 공급하고 그 자리를 지방으로 채우는 식의 설계를 합니다.

또한 신장 기능이 약화되면 인이 소변으로 배출되지 못하고 고양이의 몸에 쌓일 위험이 커지므로, 신부전 처방식에 들어가는 인의 함량은 키튼·어덜트 사료에 들어가는 것(0.8~1.1% 정도)보다 낮게 설계됩니다. 이밖에도 신부전을 앓게 되면 혈액 순환 문제가 함께 발병하는 경우가 많아 나트륨의 함량 역시 조금 낮춰주기도 합니다.

신장은 매우 민감한 기관이기 때문에 어설픈 식단을 급여하게 되면 오히려 고양이의 건강에 악영향을 끼칠 수 있습니다. 따라서 신부전 진단을 받게 된다면 반드시 주치의와의 상담을 통해 고양이의 상태를 꾸준히 모니터링하고, 가장 적합한 처방을 받으시길 바랍니다.

영양소	단위	H사	R사	S사	F사
칼로리(에너지)	kcal/kg	4,177	3,932	4,307	3,915
단백질	%	28.8	26	24	27.4
지방	%	22.1	17	20	19.5
오메가6	%		3.27	2.2	3.4
오메가3	%	0.79	0.8	2.3	1.09
EPA/DHA	%		0.41	1.6	
칼슘	%	0.75	0.62	0.5	0.59
인	%	0.6	0.44	0.3	0.49
칼륨	%	0.71	1	1	0.63
나트륨	%	0.22	0.4	0.18	0.15
기타			폴리페놀 등 항산화 영양소 함유		알프스민들레, 싸리, 베어베리, 크랜베리 등 함유

주요 제품별 영양소함량을 직접 연구한 자료(2015)
공란은 측정에 어려움이 있어 비워둔 것으로, '0'의 값이 아님

고양이용 신부전 처방식의 제품별 주요 영양소함량 비교

피부질환 처방식

주로 식이 알레르기를 앓는 고양이에게 처방하는 사료로, 특이하게 '가수분해'된 단백질을 원료로 씁니다. 여기서 "단백질을 가수분해했다"라는 것은 단백질 원료를 훨씬 작은 단위의 입자(분자량)로 분해해 사료를 만들었음을 의미하는데요. 아주 작은 입자로 단백질을 섭취하게 되면

영양소	단위	H사	R사
칼로리(에너지)	kcal/kg	3,797	4,102
단백질	%	단백질원 : 가수분해 닭 간 33.1	단백질원 : 가수분해 콩 25.5
지방	%	16.4	20
오메가6	%	4.85	4.74
오메가3	%	0.52	0.83
EPA/DHA	%		0.32
칼슘	%	0.68	0.73
인	%	0.7	0.7
칼륨	%	0.9	0.8
Zinc	mg/kg		259
Copper	mg/kg		15
나트륨	%	0.34	0.6
비타민 A	IU/kg		25,000
비타민 D	IU/kg		800
비타민 E	IU/kg	722	600
식이섬유	%		8.2
조섬유	%	2.6	3.6

주요 제품별 영양소함량을 직접 연구한 자료(2015)
공란은 측정에 어려움이 있어 비워둔 것으로, '0'의 값이 아님

고양이용 피부질환/식이 알레르기 처방식의 제품별 주요 영양소 함량 비교

몸에서 알레르기 반응을 일으킬 위험이 그만큼 적어지기 때문에, 특정 단백질에 알레르기를 앓는 고양이에게 적합한 처방이 될 수 있습니다.

다만 식이 알레르기를 유발할 수 있는 단백질 성분은 고양이마다 서로 다르므로 피부질환용 처방식을 급여할 때에는 가수분해된 단백질원(닭고기, 연어 등)을 확인하며 충분한 테스트 기간을 거치는 것이 좋습니다. 또한 이 기간에는 어떤 것이 알레르기의 원인인지 파악하는 데 혼선을 줄 수 있기 때문에 다른 단백질원이 들어간 먹거리를 일절 금해야 합니다. 만약 피부질환용 처방식을 급여하고 있는데 실수로 다른 단백질원을 먹었다면, 음식의 종류와 양 그리고 음식을 먹인 날짜 등을 양을 상세히 기록해두었다가 주치의에게 공유해주셔야 합니다. 먹인 간식이나 음식에 대한 정보 제공이 확실하지 않으면 정확한 진단을 내리는 데 시간과 비용이 더 들게 된다는 점을 꼭 기억해주세요!

소화기계 처방식

'소화기계 처방식'은 말 그대로 소화와 원활한 배변 활동을 돕기 위한 처방식입니다. 장내 자극을 최소화하면서 적은 양으로도 충분한 칼로리를 충족할 수 있도록 소화가 잘 되는 단백질을 주로 사용하지요. 또한 유익균(정상미생물총)의 빠른 회복을 위해 프리바이오틱스MOS, FOS 등의 성분을 함유하기도 하며 장내 면역력을 증진하기 위한 특수 성분을 사용하기도 합니다.

사람과는 다르게 한번 균형이 깨진 고양이의 정상미생물총은 회복되기까지 최소 1달 이상이 소요될 수 있으니, 처방식의 급여량과 급여 기간은 반드시 주치의와의 상의를 거쳐 내 고양이의 상태에 알맞게 급여하는 것이 좋습니다.

영양소	단위	H사	R사
칼로리(에너지)	kcal/kg	3,993	4,076
단백질	%	40.7	32
지방	%	20.5	22
오메가6	%		4.31
오메가3	%		0.75
EPA/DHA	%		0.31
칼슘	%	1.15	1.04
인	%	0.9	1.01
칼륨	%	0.97	1
Zinc	mg/kg		189
Copper	mg/kg		15
나트륨	%	0.45	0.6
비타민 A	IU/kg		24,000
비타민 D	IU/kg		600
비타민 E	IU/kg		800
식이섬유	%	(S)0.6 (I)4.4	11.1
조섬유	%	2.5	5.2
기타			MOS, FOS, 글루타민, Zeolite 함유

주요 제품별 영양소함량을 직접 연구한 자료(2015)
공란은 측정에 어려움이 있어 비워둔 것으로, '0'의 값이 아님

고양이용 '소화기계 처방식'의 제품별 주요 영양소함량 비교

비만 처방식

고양이의 비만은 음식 섭취와 활동량의 불균형이 장기간 지속되어 나타나는 질환입니다. 비만 처방식을 급여하는 가장 큰 목적은 서서히 고양이의 체중을 감량시켜 이상적인 체형을 만드는 것입니다. 이에 비만 처방식은 다음과 같은 두 가지 특징을 지니고 있습니다.

영양소	단위	H사	R사	S사	F사	V사
칼로리(에너지)	kcal/kg	3,381	3,066	3,215	3,142	3,090
단백질	%	38.7	34	36.5	33	38
지방	%	13.3	9	7	9.7	10
오메가6	%		2.9		1.53	1.5
오메가3	%		0.43		0.91	0.7
EPA/DHA	%		0.14	1		0.38
칼슘	%	1.04	1.33	0.85	1.53	0.8
인	%	0.8	1.17	0.81	0.91	0.7
칼륨	%	0.74	1.1	0.58	1.28	
나트륨	%	0.32	0.6	0.41	0.77	0.4
비타민 D	IU/kg		1,000	1,600	1,250	2,267
비타민 E	IU/kg	987	700	325	120	500
식이섬유	%		23.6		28.8	
조섬유	%	9.8	13.9	14	5	4
기타		L-Carnitine 함유	글루코사민, 콘드로이틴, L-Carnitine 함유	L-Carnitine (255mg/kg) 함유	L-Carnitine (420mg/kg) 함유	노박덩굴 뿌리, L-Carnitine 함유

주요 제품별 영양소함량을 직접 연구한 자료(2015)
공란은 측정에 어려움이 있어 비워둔 것으로, '0'의 값이 아님

고양이용 '비만 처방식'의 제품별 주요 영양소함량 비교

첫째, 칼로리를 만들어내는 영양소(탄수화물, 단백질, 지방) 중에서 주로 지방의 함량을 낮추고 단백질의 함량을 높이는 식으로 설계되어 있습니다. 둘째, 고양이가 칼로리를 조금 덜 섭취하면서도 이전과 같은 포만감을 느낄 수 있도록 식이섬유의 함량을 높여줍니다.

그러나 아무리 비만 처방식이라도 칼로리가 없을 순 없습니다. 따라서 과다하게 먹일 경우 오히려 살을 찌울 수 있기 때문에 반드시 주치의와 상의하여 적합한 급여량을 정하고, 고양이의 체중이 어떻게 변화하는지 꼼꼼히 모니터링하는 것이 좋습니다. 그동안 비만 처방식은 단순히 비만 완화를 위한 보조 수단에 불과했습니다만, 최근 고양이 비만과 관련한 다양한 연구 결과가 나오면서 전보다 비만 완화에 효과적인 처방식이 하나씩 출시되기 시작했습니다. 제가 국내 한약재(노박덩굴 뿌리)를 직접 연구하여 개발한 비만 처방식도 그중의 하나이지요.

서로 다른 처방식을 섞어줘도 될까?

고양이가 여러 질환을 앓고 있는 경우 처방식 사료는 어떻게 급여해야 할까요? 무턱대고 여러 가지 처방식 사료를 섞어주시는 것보단, 좀 더 치료가 시급한 질환에 우선순위를 두고 이에 맞게 사료를 급여해주시는 것이 좋습니다. 예를 들어 고양이가 신부전과 피부질환을 동시에 앓고 있는 경우, 일단 신부전에 좋은 처방식을 위주로 급여해주시는 식인데요. 여러 종류의 처방식을 섞게 되면, 각각의 영양 성분도 이리저리 뒤섞

이면서 처방식 사료로서의 효능이 상쇄될 수밖에 없습니다. 이러한 경우에 두 처방식은 일명 '이도저도 아닌 사료'가 될 가능성이 크지요.

물론 요즘에는 여러 질환을 앓고 있는 고양이를 위해 '다기능Multi-functional 처방식'이 나오기도 합니다. 예를 들면 특정 질환의 처방식에서 지방함량 등을 추가적으로 조절해, 비만을 완화하는 효과도 동시에 볼 수 있는 것이지요. 그러나 이처럼 하나의 처방식이 고양이가 동시에 앓고 있는 질환에 도움이 되는 경우는 그리 많지 않습니다. 양립하기 힘든 질환도 있기 때문입니다.

나트륨의 함량을 의도적으로 제한해야 하는 신부전·심장질환과, 반대로 음수량을 늘리기 위해 나트륨의 함량을 늘려야 하는 결석 질환의 경우가 여기에 해당되는데요. 고양이가 위와 같은 질환을 동시에 앓게 되었다면 동물병원에서는 대부분 신장·심장질환용 처방식을 위주로 처방하되 습식과 건식 형태의 처방식을 함께 급여하도록 권장합니다. 수분이 많이 함유되어 있는 습식 처방식을 급여하게 되면, 별도로 결석 질환용 처방식을 주지 않아도 하루 평균 음수량을 자연스레 조절할 수 있기 때문입니다.

이 밖의 질환도 마찬가지입니다. 서로 다른 처방식을 이것저것 섞어주시는 것보단, 생명과 직결되는 중요 질환을 우선하여 처방식 사료를 주되 보조제나 영양제로 고양이에게 부족한 영양소를 보충해주시는 편이 좋은데요. 장질환은 프리바이오틱스Prebiotics 또는 유산균 영양제 등을, 신장질환은 신장용 보조제를, 간질환은 간장질환용 영양제 등을 함께 급여해주시면 됩니다. 영양제에 관한 내용은 뒷 챕터에서 더 자세히 설명해드리겠습니다.

처방식 사료와 영양제의 효과는 고양이의 특성에 따라 개체마다 다르게 나타날 수 있습니다. 따라서 고양이가 두 가지 이상의 질환을 앓고 있다면, 주치의와 충분히 상담하신 후 급여 방법을 결정하시길 권합니다.

미리 챙겨주는 기능식 사료

헤어볼 예방 사료

● 헤어볼은 왜 생기나요?

'헤어볼Hairball'이란 털이 덩어리 형태로 뭉쳐진 것을 뜻합니다. 고양이의 경우 털을 핥는 그루밍 행위를 통해 상당히 많은 양의 털을 삼키게 됩니다. 하지만 대부분 변이나 구토를 통해 몸에 쌓여 있던 헤어볼을 자연스럽게 배출하기도 합니다. 간혹 헤어볼이 장 속에 남아 문제를 일으키는 경우가 생기는데요. 혹시 고양이가 아래와 같은 상황에 놓여 있다면, 헤어볼의 배출을 돕는 기능식 사료를 고민해보시길 권합니다.

● 실내에서 생활하는 숱이 많은 장모종

장모종 고양이의 경우, 그루밍을 할 때 털을 삼키는 양이 워낙 많아 헤어볼이 몸속에서 쉽게 만들어지는 경향이 있습니다. 변이나 구토 등으로 배출하면 다행이지만 간혹 헤어볼이 장을 꽉 막게 되는데, 이러한 경우에는 소화장애가 일어나거나 심하면 장폐색까지 발생할 수 있어 주의해야 합니다.

● 환절기에 '털 고생'을 하는 고양이(3~5월, 9~11월)

아무리 실내 생활을 하는 고양이라도 일교차의 영향을 받을 수밖에 없는데요. 고양이의 털은 1년 내내 빠지지만 일교차가 심해지는 환절기에는 훨씬 많은 양의 털이 빠지기 때문에, 단순한 그루밍조차 헤어볼 문제의 원인이 될 수 있습니다.

● 환경이 바뀐 후 그루밍 빈도가 심해진 고양이

이사, 동물 입양, 화장실 교체 등 거주하는 곳의 급격한 환경 변화는 비정상적인 그루밍의 원인이 될 수 있습니다. 간혹 스트레스가 원인이 되어 가려움증을 동반한 피부질환이 발생할 경우 그루밍 빈도가 심해지기도 하는데요 평소보다 고양이가 그루밍을 심하게 하는 것 같다면, 동물병원을 내원해 빠르게 원인을 찾는 것이 좋습니다.

이처럼 헤어볼 문제는 보통 과도한 그루밍에 의한 털 삼킴으로 발생합니다. 따라서 1차 원인을 빠르게 파악하는 것이 가장 중요한데요. 묘종별 특성, 환절기, 급격한 환경 변화 및 스트레스 등 위에서 언급한 원인 이외에도 개체에 따라 헤어볼을 유발하는 원인이 다양할 수 있습니다.

● 간단한 홈 케어법: 브러시와 캣 그라스

헤어볼 문제는 평소에 고양이를 케어하면서 어느 정도 예방할 수 있습니다. 간단한 홈 케어 예방법으로 크게 두 가지를 꼽을 수 있는데요. 첫째는 아침·저녁으로 고양이의 털을 빗어주시는 것입니다. 규칙적으로 빗질을 해주면, 언젠가 빠질 털들을 미리 제거해줄 수 있어 고양이가 그루밍을 하면서 삼키는 털의 양을 조절할 수 있기 때문이지요. 다만 고양이마다 선호하는 브러시가 각양각색이기 때문에, 고양이에게 맞는 제품을 찾는 데 조금 시간이 걸릴 수도 있습니다.

둘째는 캣 그라스cat grass를 급여해주시는 겁니다. 캣 그라스는 식이섬유를 많이 함유하고 있어 고양이가 삼킨 털을 빠르게 몸 밖으로 배출시킬 수 있도록 장운동을 도와줍니다. 뒤엉킨 헤어볼을 안전하게 변으로 배출시키는, 일종의 '헤어볼 예방제'인 셈이지요. 물론 캣 그라스를 처음 시도하는 경우, 고양이가 먹지 않을 수도 있습니다. 따라서 고양이가 캣 그라스에 반응할 수 있도록 어릴 때부터 조금씩 섭취할 수 있는 환경을 마련해주시는 것이 좋습니다.

● 헤어볼 예방에 좋은 기능성 사료

홈 케어법으로도 고양이의 헤어볼 문제가 쉽게 잡히지 않을 수 있기에, 이번엔 헤어볼 배출에 도움을 주는 기능성 사료에 관해 간략히 설명해드리려고 합니다.

헤어볼로 고생한 적이 있는 고양이가 캣그라스를 전혀 먹지 않는다면 '헤어볼 기능 사료'를 먹이는 방법도 고민하시게 될 텐데요. 해당 사료는 말 그대로 헤어볼 배출을 돕는 기능식 사료로, 사료 포장지에 "헤어볼 예방" 등의 문구가 쓰여 있습니다.

일반적으로 식이섬유 함량을 늘린 식단일수록, 헤어볼을 분변으로 배출하는 데 효과가 있는 것으로 알려져 있습니다. 헤어볼 기능 사료 역시 이 원리를 활용한 것인데요. 해당 사료를 살펴보면 다른 사료보다 탄수화물의 함량이 많습니다. 탄수화물을 구성하는 전분과 섬유질 중에서 헤어볼의 분변 배출을 돕는 섬유질의 함량을 늘렸기 때문입니다.

참고로 비만용 처방식이나 체중 감량·유지 목적의 기능성 사료도 헤어볼 문제를 완화하는 데 조금 도움이 될 수 있습니다. 그만큼 충분한 식이섬유를 함유하고 있기 때문이지요. 다만 식이섬유 함량이 높은 계열의 사료는 장운동을 활발하게 해 오히려 설사를 일으킬 수 있어, 급여 시 고양이가 사료를 너무 많이 섭취하지 않도록 주의하는 편이 좋습니다.

중성화 수술 전용 사료

중성화 수술을 받은 이후에는 대부분 호르몬의 변화로 인해 활동량이 눈에 띄게 줄어들거나 식탐이 늘어나는 경우가 많습니다. 이렇다 보니 중성화를 마친 고양이들이 꽤 많이 앓게 되는 건강 문제 중의 하나가 바로 급격한 '비만'입니다. 단기간(약 3개월) 내에 체중이 급속도로 늘어날 만큼 심각한 수준의 비만을 앓는 경우도 있습니다. 따라서 어렸을 때부터 원 없이 먹을 수 있도록 '완전 자율 급식'을 한 경우라면, 더욱 식단 관리에 신경 써주셔야 합니다. 내 고양이가 중성화 수술을 받은 후 식탐이 전보다 강해진 것 같다면 반드시 다음과 같이 식단을 관리해주셔야 합니다.

첫째, 체중 관리에 좋은 포뮬러(영양 배합)인지 확인!

중성화 전용 사료의 경우 기본적으로 고단백, 저지방(10% 내외)에 식이섬유 함량을 적절히 늘린 포뮬러로 제조됩니다. 칼로리 섭취량을 낮추고 분변지수를 높여 체중을 제어하기 위해서지요. 물론 고양이의 상태가 중성화 전용 사료를 먹여야 할 만큼 심각하진 않다면 일반 사료를 급여하셔도 무방하긴 합니다. 다만 사료를 고르실 때에는 반드시 지방 함량이 10% 내외인지 잘 확인하셔야 합니다.

둘째, 운동량을 고려한 식습관 관리

그동안 그릇에 사료를 한가득 담아 정량 급식을 해주셨다면, 조금씩 그 방법을 바꿔주시는 것이 좋습니다. 평소에 급여하던 사료의 1/3 정도는 따로 빼 두었다가 고양이가 자주 드나드는 장소에 숨겨두는 방법을 추천합니다. 고양이가 직접 집안 구석구석을 돌아다니면서 부족한 칼로리를 찾아 먹을 수 있도록 급여 환경을 바꿔주시는 겁니다.

사료를 숨길 수 있는 장난감을 구입하거나 투명 생수통에 구멍을 내어 매일 사료 5~10알을 넣어 두는 방법도 있습니다. 고양이의 사냥 본능을 충족해 스트레스를 완화할 수 있을 뿐 아니라, 활동량을 적절히 조절해줌으로써 체중 관리에도 큰 도움이 되지요.

'숨겨둔 사료를 찾아 먹지 못하면 어쩌나' 하고 걱정하지 않으셔도 됩니다. 앞선 챕터에서 말씀드린 것처럼 고양이의 후각은 굉장히 뛰어납니다. 아무리 간식을 밀봉해 꽁꽁 숨겨 두어도, 어느새 찾아내 의기양양하게 들고 오는 녀석들입니다. 휴지 안에 감춘 사료나 생수통에 숨겨 둔 먹이를 찾는 것쯤이야 고양이에겐 전혀 어려운 일이 아니랍니다.

셋째, 간식 제한

중성화 수술 이후 간식은 철저히 제한해서 주셔야 합니다. 하루에 허용되는 간식 칼로리는 하루 권장 칼로리의 약 10%입니다. 다시 말해 아주 적은 양의 간식만 허용해야 한다는 뜻이지요. 간식은 최대한 주지 않는 것이 바람직하지만, 아예 끊기 어려우시다면 수분함량이 99%에 가까운 '츄르' 계통의 습식이나 주식캔(수분함량 75% 이상)을 주시길 권합니다. 말린 육포 등의 건조간식은 수분함량이 매우 적기 때문에 적은 양으로도 많은 칼로리를 섭취할 수 있어 주의해야 한다는 점을 꼭 기억해주세요.

이외에 다른 기능식에는 무엇이 있을까?

헤어볼, 중성화 기능식 사료 외에도 관절에 도움을 주는 기능식, 피부 건강을 돕는 기능식 등 다양한 제품이 판매되고 있습니다. 하지만 분명한 것은 기능식 사료는 효능을 확실하게 보장해주지 않는 제품군이라는 것입니다. 물론 일반적인 어덜트 사료에 비해 기능적인 부분이 조금 추가

된 것은 맞으나, 그렇다고 해서 처방식만큼의 효능을 지닌 사료는 아니라고 보시면 됩니다.

기능식과 처방식의 차이

기능식은 효과가 있다고 알려진 원료를 사용하여 제조한 사료로, R&D(연구·개발)팀에서 별도로 연구되거나 효능이 입증된 식단은 아닙니다. 또한 질환의 개선이나 치유보다는 예방 차원에서 급여하는 경우가 많으므로, 수의사의 진단이나 처방 없이도 언제든 구매할 수 있습니다.

반대로 처방식은 기능식과 달리 R&D(연구·개발)팀에서 장기간 연구하여 특정한 질병을 완화하는 효능이 보증된 식품입니다. 질병의 개선이나 치유를 위한 목적으로 일정 기간 급여하도록 처방하는 식품이기 때문에 수의사의 질병에 대한 진단이 있어야만 제품을 구매할 수 있습니다.

— 아직 뚜렷한 증상은 없지만
예방 차원에서 기능식 사료를 먹여도 될까? —————

일반 사료의 대용으로 기능식 사료를 오랫동안 급여해도 되는지를 많이 물어보십니다. 일반 사료와 마찬가지로 AAFCO 또는 FEDIAF 기준을 충족한 기능식이라면, 건강한 고양이에게 장기간 급여해도 큰 부작용은 발생하지 않습니다. 그러나 앞서 말씀드린 것처럼 예방 효과가 보장되지 않는다는 점을 기억해주세요. 예방 효과를 확실히 보장받고 싶다면, 무작정 기능식 사료를 미리 급여하는 것보단 주치의와의 상담을 통해 고양이 특성에 맞는 영양제를 급여하는 것이 더 나은 방법일 수 있습니다. 물론 영양제 역시 제대로 연구가 진행되어 그 효능이 입증된 제품인지 확인한 후 구매하는 것이 바람직하겠지요.

사료를 바꾸니 설사를 하는데 어떡하죠?

설사의 원인은 사실 '사료 교체' 이외에도 굉장히 다양합니다. 따라서 고양이가 갑작스럽게 묽은 변을 누기 시작했다면 동물병원에 내원해서서 원인 파악을 위한 검사를 받는 것이 바람직합니다. 이번 챕터에서는 사료 등 고양이의 먹거리 교체가 원인이 되어 설사를 유발했다는 가정 하에, 주의하셔야 할 점과 간단한 대처법 등을 자세히 설명해드리겠습니다.

사료 교체는 신중하게 결정해야 합니다. 새로운 먹거리에 민감하게 반응하는 고양이의 경우, 빈번한 사료 교체는 스트레스뿐만 아니라 설사 등의 질환을 유발할 수 있기 때문이지요. 따라서 아래와 같은 특별한 경우가 아니라면 굳이 사료를 바꿔주지 않는 것이 가장 좋습니다.

- 생후 10개월이 지나 키튼 사료에서 성묘 사료로 바꿔야 하는 경우
- 중성화 이후 체중이 급격하게 증가하는 것을 예방하기 위해 사료의

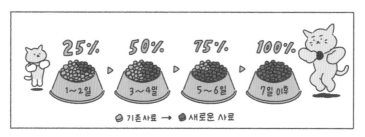

바람직한 사료 교체 방법

교체를 고민하는 경우

- 비만묘의 체중 관리를 위해 전용 사료로 교체해야 하는 경우

- 고양이의 임신, 수유로 인해 칼로리가 높은 사료가 필요한 경우

- 특정 질환이 있어 처방식을 급여해야 하는 경우

- 지속적인 설사, 기호성 문제로 인해 사료 교체를 고민하는 경우

- 다묘가정에서 각각 급식을 하기 어려워 바꾸는 경우

― 사료 교체 시, 이것도 주의!

- 장이 민감한 고양이라면, 기존 사료와 새 사료의 단백질 수치가 10% 이상 차이나는 경우에 심한 설사 증세를 보일 수 있습니다. 따라서 단백질이 많이 함유되어 있는 사료(35% 이상)로 교체하는 것을 고려하고 계신다면, 사료를 교체하기 전에 해당 사료를 조금 급여해 고양이의 반응을 먼저 테스트해보시는 것이 안전합니다.

- 7세 이상의 고양이라면, 기존에 먹던 사료에 큰 문제가 없을 경우 가급적 사료를 교체하지 않는 것이 좋습니다. 이 시기의 고양이 신체는 대체로 새로운 것을 거부하는 반응(Neophobic)이 강한 편이라, 새 사료에 대한 기호성이 떨어질 가능성이 큰 데다 장 문제가 발생하면 건강을 회복하는 데 오랜 시간이 소요될 수 있어 반드시 주의해야 합니다.

- "A 브랜드, 오리 단백질, 건강 이상 없이 잘 먹음."

  위의 예시와 같이 기존에 급여하던 사료의 리스트와 주단백질 성분을 잘 기록해두시면, 나중에 사료 교체를 고민하실 때 큰 도움이 됩니다. 또한, 특정 사료를 급여한 이후 문제가 발생했다면 내 고양이가 어떤 주원료에 민감하게 반응하는지를 파악하는 데에도 요긴하게 활용될 수 있습니다.

- 사료 교체 시기에 일시적으로 프로바이오틱스(유산균, Probiotics)를 함께 급여하는 것은 장 트러블을 예방하는 데 큰 도움이 됩니다. 다만 프로바이오틱스 제품을 고를 때 포장지에 명시된 '유산균주'와 '단위(CFU)'를 확인하는 것이 좋습니다.

다만 고양이가 위의 경우에 해당되어 사료 교체를 고민하고 있다면 2 주 이상의 여유를 가지고 천천히, 조금씩 사료를 바꿔주시는 방법을 권합니다. 일주일 정도 기존 사료와 새 사료를 반반씩 섞어 급여하다가, 조금씩 새 사료의 비율을 늘려주는 식이지요. 고양이의 몸이 새로운 사료를 잘 받아들일 때까지 서두르지 마시고, 변 등의 식후 반응을 주의 깊게 살펴보면서 기다려주는 것이 가장 안전한 사료 교체 방법입니다.

사료에 알레르기가 있다면?

'식이 알레르기'인지 확인하는 방법

사료를 바꿔주었거나 기존 사료를 계속 먹이던 도중, 갑자기 알레르기 증상이 발생하는 경우가 더러 있습니다. 그동안 한 번도 생긴 적 없던 귀지가 많이 나오는 경우도 이에 해당하는데요. 앞선 챕터에서 설명해드린 설사 등의 증상처럼, 다양한 알레르기 반응 역시 사료의 성분이 원인이 되는 경우도 있으나 다른 요소가 원인이 되어 발생하는 경우도 많습니다. 즉 알레르기 반응을 보였다고 해서 모두 '식이 알레르기'로 단정할 순 없다는 뜻이지요.

따라서 내 고양이가 보인 알레르기 반응이 사료 등 먹거리에 의한 것인지, 다른 환경이 문제가 되어 발생한 것인지 아래의 체크리스트를 참고하여 먼저 확인해보는 것이 좋습니다.

- 최근 새로운 사료를 구매해 급여했는지?
  - 정확한 원인을 파악하기 위해 사료를 구매·급여한 일자와 고양이에게서 알레르기 반응이 나타난 일자를 확인해야 합니다.
  - 또한, 알레르기 반응 전과 후 고양이의 모습을 미리 사진으로 저장해두는 것이 좋습니다. 얼굴, 귀, 겨드랑이, 배, 사타구니 등 다양한 신체 부위의 사진일수록 증상과 그 원인을 파악하는 데 용이합니다.
- 최근 새롭게 급여한 간식이 있었는지?
  - 최근 새로운 간식을 급여한 적이 있다면 병원을 방문하기 전에 해당 제품이 무엇인지, 주성분은 무엇인지를 미리 확인해두는 것이 좋습니다.
- 최근에 이사를 했는지?
- 새로 들어온 가구(쇼파, 옷장, 책상)나 전자제품이 있는지?
- 캣타워의 위치를 바꾼 적이 있거나, 새로운 고양이 가구를 설치했는지?
- 최근 화장실 혹은 모래를 바꾸었는지?
- 최근 둘째, 셋째 동물을 입양했는지?
- 같이 사는 식구(사람)에 변화가 있었는지?

위의 체크리스트 중에서 다른 항목에는 별 문제가 없고 첫 번째와 두 번째 항목에 해당되는 경우, 고양이와 함께 근처 동물병원을 방문해 식이 알레르기 검사를 받아보시길 권합니다. 식이 알레르기를 유발하는 성분은 고양이마다 다양하기 때문에, 모든 경우에서 "어떠어떠한 단백질은 고양이에게 식이알레르기를 유발하더라"와 같이 단정할 순 없습니다.

따라서 고양이가 어렸을 때부터 먹어온 식단 리스트(사료 브랜드와 주 단백질원 등)를 평소에 잘 기록해두는 습관을 들이시는 것이 좋습니다.

주치의와 상담하실 때 내 고양이 몸에 맞지 않는 식이 알레르기원이 무엇인지 파악하는 데 큰 도움이 되기 때문이지요. 만일 고양이가 최근 오리, 연어, 양고기가 함유된 먹거리를 먹기 시작했다면, 주치의는 아마 토끼, 닭, 캥거루 고기 등의 대안 단백질이 들어간 먹거리를 급여하도록 권할 겁니다.

곤충 단백질 사료, 대안이 될 수 있을까?

그동안 상업용 사료나 간식에 사용된 적이 없던, 새로운 단백질원에 대한 관심이 점점 높아지고 있습니다. 기존의 주단백질 원료만큼 영양소가 풍부하면서도 알레르기 발생을 최소화할 수 있는 대안 단백질로 주목을 받고 있는 것이지요. 이에 사료업체들은 한 종류의 단백질을 원료로 활용한 '단일 단백질' 제품을 새롭게 출시하고 있는데요. 그중에서 곤충을 단백질원으로 사용한 먹거리가 특히 많은 주목을 받고 있습니다.

― 아미노산 스코어(AA scores)가 뭔가요? ―――――

각 동물에게 필요한 아미노산의 최소요구량은 개, 사람, 고양이에 따라 다릅니다. 그리고 원료에 들어가 있는 아미노산의 함량도 다양하기 때문에 이를 점수화하여 표현한 것을 아미노산 스코어라고 합니다. 예를 들면 단백질 원료 A의 아미노산 스코어가 99점이라면 "이것을 섭취했을 때 필요한 아미노산의 99% 정도를 충족한다"는 것을 의미합니다. 즉 값이 높을수록 다른 아미노산을 추가적으로 먹지 않아도 될 만큼 아미노산 함량이 충분하다는 것을 뜻합니다.

곤충 단백질의 경우 다른 단백질원을 추가하지 않아도 고양이에게 필요한 아미노산의 균형을 맞춰줄 수 있습니다. 그만큼 닭이나 생선보다 뛰어난 아미노산 스코어를 나타내는 것이지요. 또한 소화율 실험 결과in vitro digestibility 곤충 단백질은 소화흡수력 측면에서도 뛰어난 것으로 나타났습니다. 따라서 훗날 곤충 단백질을 원료로 한 다양한 제품이 개발된다면,

구분		곤충 단백질(%)						기타 단백질(%)		
		집파리 번데기	BSF* 유충	BSF 번데기	집귀뚜라미	옐로우 밀웜	슈퍼 밀웜	육류	생선류	콩류
조단백질		62.5	56.1	52.1	70.6	52.0	47.0	69.1	71.0	51.6
지방		19.2	12.8	19.7	17.7	33.9	39.6	12.8	9.2	2.5
조회분		5.6	12.6	13.9	5.3	3.9	3.0	15.4	19.9	6.8
필수아미노산	아르기닌	4.2	3.7	4.2	5.7	4.6	4.6	5.8	4.5	6.3
	히스티딘	4.8	4.4	4.7	3.4	5.1	4.8	3.7	3.4	3.1
	이소류신	4.0	4.0	4.2	4.0	4.6	5.0	3.8	4.8	5.0
	류신	6.1	6.1	6.5	6.6	7.3	7.2	6.4	7.1	7.8
	라이신	6.2	5.4	5.4	5.8	5.5	5.3	5.6	7.4	6.2
	메티오닌	2.6	1.4	1.7	1.6	1.4	1.6	1.0	1.9	2.0
	페닐알라닌	5.2	3.1	3.3	3.2	3.4	3.7	3.3	3.5	5.2
	트레오닌	3.8	3.6	3.6	3.6	4.0	4.1	3.6	4.0	3.9
	발린	5.0	5.5	5.7	5.7	6.3	6.5	4.6	5.0	5.0
전체 아미노산		41.8	37.1	39.3	39.6	42.3	42.7	37.8	41.5	44.4
키튼 시기의 아미노산 스코어*		106.1	79.2	93	86.6	85.5	92.2	55.8	91.6	107.5

*BSF : 아메리카동에등에(Black Soldier Fly)
*아미노산 스코어: 각 개체에 필요한 아미노산이 얼마나 충족되었는지를 점수로 나타낸 값
각 아미노산 스코어는 키튼 시기 고양이의 아미노산 최소요구량(Kerr 외, 2014)을 참고하여 계산함

곤충 단백질의 아미노산 스코어

고양이에게 분명 좋은 단백질 식품이 될 수 있을 것으로 기대됩니다.

고양이에게 채식을 시켜도 괜찮을까?

사람마다 채식을 택하는 이유는 다양합니다. 특정 질환을 앓고 있거나 환경 및 종교적인 이유, 그리고 동물 도축과 관련한 윤리적인 문제 등이 '비건Vegan 라이프'를 결심하는 계기가 되기도 합니다.

만일 채식을 실천하고 계신 보호자가 반려묘를 키우고 계신다면, 고양이의 먹거리를 두고 고민에 빠지셨을 수도 있습니다. 대부분의 고양이 사료에는 동물성 단백질이 많이 함유되어 있기 때문입니다. 비건 보호자님의 마음은 충분히 공감할 수 있지만, 가치관과 별개로 분명히 알고 계셔야 하는 한 가지가 있습니다. 고양이는 본래 육식동물이라는 사실 말입니다.

1장의 '단백질' 챕터에서 자세히 설명드린 것처럼 고양이는 특정한 필수 아미노산을 체내에서 스스로 합성해내지 못합니다. 따라서 생명을 유지하기 위해, 고양이는 반드시 외부 음식을 통해 해당 아미노산을 섭취해야만 하는데요. 필수 아미노산은 동물성 단백질에 주로 들어 있기 때문에 대부분의 고양이 사료에는 동물성 원료가 함유되어 있을 수밖에 없습니다. 결국 "보호자의 가치관이 그러하니, 고양이도 채식 생활을 해야 한다"라는 논리는 고양이의 건강에 치명적인 결과를 초래할 수 있다는 점을 꼭 기억하셔야 합니다.

다만 몇몇 사료업체는 고양이 전용 '채식 사료'를 만들어 판매하기도 합니다. 그런데 정말 식물성 원료만으로도 고양이 건강에 꼭 필요한 영양소를 모두 채울 수 있을까요? 과연 고양이 채식 사료에는 동물성 원료가 전혀 들어가지 않는 걸까요? 고양이 전용 채식 사료를 한번 꼼꼼히 살펴보도록 하겠습니다.

고양이 전용 '채식 사료'의 비밀

1세 이상의 고양이가 살아가는 데 필요한 최소한의 영양소는 식물성 원료로 맞출 순 있습니다. 메티오닌, 아르기닌, 타우린 등의 성분을 많이 포함한 특정 식물을 아낌없이 원료로 사용한다면 필수 단백질함량을 26% 이상까지 조절할 수도 있습니다. 일반적으로 식물성 원료에 부족한 필수 아미노산은 농축된 '콩 단백질'을 활용해 함량을 맞춰줍니다. 흔히 콩을 "밭에서 나는 고기"라 표현하기도 하지요? 동물성 단백질인 고기류와 견줄 수 있을 만큼, 콩에는 필수 아미노산이 균형적으로 들어 있습니다.

하지만 아무리 콩 단백질을 사용한다고 해도, 30% 이상의 단백질을 함유한 고단백 채식 사료는 현실적으로 만들기 어렵습니다. 뿐만 아니라 몸이 성장하는 데 많은 칼로리가 필요한 아기 고양이의 경우, 식물성 원료만 사용해서는 필요한 칼로리를 충족하기 힘들지요. 결국 식물성 원료로만 영양학적으로 100% 완전한 사료를 만들어내는 데에는 한계가 있을 수밖에 없습니다.

또한 대부분의 채식 사료에서는 동물성 단백질을 사용하고 있진 않지만, 몇몇 상업용 채식 사료의 사용 원료를 주의 깊게 살펴보면 의외로 동물성 원료에서 추출한 단백질 성분을 확인할 수 있습니다. 이 경우 해당 성분을 쉽게 알아볼 수 없도록 다른 단어로 바꿔 표기하곤 하는데요. 예를 들어 포장지에 적힌 "타우린, DL-메티오닌, L-카르니틴" 등의 성분은 동물성 원료에서 추출했을 가능성이 큽니다.

간혹 고양이가 육류 단백질에 알레르기 반응을 일으키는 사례도 발생하곤 하는데요. 물론 이 경우엔 식물성 원료로 만들어진 채식 사료를 급여하는 것이 바람직하겠지만 이때에도 최소한 단백질이 충분히 들어가 있는지, 아미노산과 다른 영양소가 적절하게 균형을 이루고 있는지 잘 살펴봐야 합니다. 식물성 원료냐 동물성 원료냐를 따지는 것보다, 각 고양이의 나이와 생리 상태에 따라 필요한 영양소가 충분히 함유되어 있는 사료인지 살펴보는 것이 내 고양이의 건강을 지키는 데 훨씬 중요한 일임을 잊어서는 안 됩니다.

최근 들어 곤충 또는 배양육으로 만든 사료가 출시되고 있는 만큼, 앞으로는 비건 보호자 또는 단백질 원료에 알레르기를 보이는 고양이를 위한 선택지가 점차 늘어나지 않을까 기대해봅니다.

집사들은 이런 게 궁금해! ④

AAFCO vs FEDIAF, 무엇을 따르는 게 좋을까요?

👤 2

집사K

우재쌤, 어떤 사료는 AAFCO 기준을, 또 다른 사료는 FEDIAF 기준을 충족했다고 표기되어 있던데 AAFCO와 FEDIAF 중 어느 것을 따르는 것이 좋나요?

음…. 두 기준 중 어느 것이 나은지 그 우열을 가릴 순 없어요. 그저 미국에서 제조되는 사료는 미국의 기준(AAFCO)을, 유럽에서 만들어지는 사료는 유럽의 기준(FEDIAF)을 따르는 것이라고 생각하시면 될 것 같아요.

우재쌤

집사K

그렇군요. 그런데 같은 단백질이라도 AAFCO와 FEDIAF에서 제시하는 최소 요구량이 조금씩 다르긴 하더라고요? 권고하는 기준이 다른 것은 왜 그런 건가요?

두 단체가 제시하는 영양소의 최소 요구량에는 약간의 차이가 있긴 합니다만 두 기준 모두 NRC(미국 국가조사위원회, National Research Council)의 수치를 참고한 것이기 때문에 거의 비슷하다고 보시면 되는데요. 굳이 차이를 따지자면 AAFCO보다 FEDIAF가 좀 더 까다롭고 세분화된 가이드라인을 제시하고 있는 편입니다.

우재쌤

생식에 관한 모든 것

사료에 대한 불신과 생식에 대한 고민

'생식'이란 고양이에게 익히지 않은 생고기를 급여하는 것을 의미합니다. 사료 대신 직접 생고기와 비타민 등 여러 영양소를 배합해 고양이에게 주식으로 먹이는 것이지요. 생식 급여는 전문가들 사이에서 여전히 뜨거운 논쟁거리입니다. 이번 챕터에서는 보호자들이 생식을 시작하게 된 이유를 면밀히 살펴보고, 영양학적 측면에서 주의해야 할 점은 무엇인지 설명해드리겠습니다.

사료에 곰팡이독소가? 급성신부전 파동

2000년대 초반, 원인 불명의 급성신부전을 앓게 된 반려동물들로 병원 입원장이 가득 찬 적이 있었습니다. 당시에는 정확한 원인을 알 수 없었으나, 역학 조사 결과 특정 태국산 사료 원료에 문제가 있었던 것으로 뒤늦게 밝혀졌습니다. 사료에 들어간 식물성 원료가 곰팡이에 오염된 채로 유통됐던 것이 원인이었지만, 보호자들은 이 사실을 모른 채 반려동물에게 그 사료를 급여했던 것이지요.

곰팡이가 눈에 띄게 확 피었다가 환경적 요인에 의해 소멸될 때 나오는 독소가 바로 곰팡이독소입니다. 간에 치명적인 '아플라톡신(B1, B2)' 부터 신장에 문제를 일으키는 '오크라톡신', 생식기관에 문제를 일으키는 '제랄레논' 등 곰팡이독소의 종류는 굉장히 다양한데요. 당시 문제가 된 사료의 경우 오크라톡신 독소가 가장 큰 원인이 됐던 것으로 알려졌습니다. 이 때문에 해당 독소를 지속적으로 섭취한 동물들 중의 상당수가 급성신부전으로 고통을 받다가 무지개다리를 건너고 말았지요.

멜라민 검출 사건

곰팡이독소로 인한 사료 파동이 어느 정도 잠잠해진 뒤, 또 다른 사료 이슈가 크게 터지고 맙니다. '멜라민 사건'이라고 말씀드리면 아마 기억하시는 분이 많이 계실 텐데요. 아기용 분유와 반려동물 사료에 사용된 단백질 원료가 오염되어, 신장 쪽에 문제를 일으키거나 결석 등의 질환을 발생시켜 사망에까지 이르게 한 충격적인 사건이었습니다.

원인은 뒤늦게 밝혀졌습니다. 제품을 생산한 중국 원료 회사에서 원료의 단백질 수치를 부풀리기 위해 질소N를 많이 함유한 멜라민 등의 화합물을 쌀과 섞어 납품한 것이 원인이었지요. 참고로 멜라민은 플라스틱의 모양과 성질을 변형할 때에 사용하는 원료입니다. 이런 원료가 반려동물 사료뿐만 아니라 사람의 식품에도 사용되었다는 놀라운 소식이 전해지자 세간은 한동안 충격에 휩싸였습니다.

렌더링 단백질 파동

사람이 섭취하지 않는 육류 부산물 등을 물리적·화학적으로 가공해 동물 사료의 원료로 사용하는 기술을 '렌더링'이라고 부릅니다. 이 과정에서 지방 성분은 대부분 제거되며, 나머지 육류는 동물 사료의 단백질원으로 활용되지요. 위생 관리를 철저히 한다는 전제하에, 렌더링용 육류는 영양학적 측면에서 고양이에게 충분히 훌륭한 아미노산 원료가 될 수 있습니다.

하지만 현재 많은 보호자가 렌더링 육류를 함유한 사료를 부정적으로 인식하고 있는데요. 그동안 미국에서 렌더링을 거친 단백질 원료에서 '안락사 약'이 검출되거나, 제주의 한 유기견 보호소에서 사망한 동물의 사체를 렌더링 육류에 슬쩍 섞어 사료로 납품하는 등의 충격적인 사례가 잇따랐기 때문입니다. 해당 사건은 지금까지도 끊임없이 회자되고 있으며, 많은 보호자가 동물 사료를 불신하도록 하는 원인이 되고 있습니다.

대안을 찾아 생식을 택하는 사람들

곰팡이독소와 멜라민 그리고 렌더링 단백질 파동 등, 위에서 간략히 짚어드린 일련의 사건들은 각 나라의 사료관리법을 강화하는 계기가 되어주기도 했습니다. 우리나라 역시 사료관리법이 여러 번에 걸쳐 개정되면서, 고양이 먹거리 제조 시 1년에 4회 이상 곰팡이독소 검사를 의무적으로 받게 되었는데요. 뿐만 아니라 멜라민과 같은 성분을 검출하기 위해 사료에 '비단백태질소 화합물'이 함유되었는지를 철저히 검사하기 시작했습니다.

하지만 상담을 하다 보면 여전히 꽤 많은 분으로부터 "사료에 들어가는 원료를 믿어도 되느냐?"라는 질문을 받습니다. 워낙 전 세계의 반려인을 충격에 빠뜨린 이슈였던 만큼, 해당 사건이 발생한 이후 대중에겐 동물 사료에 대한 부정적인 이미지가 각인되어버린 것입니다.

이처럼 사료에 대한 불신이 만연하다 보니, 몇몇 보호자는 사람이 먹어도 되는 '휴먼 그레이드Human-grade' 원료가 아니라면 차라리 신선하고 깨끗한 원료를 사다 직접 먹거리를 만들어주겠다고 결심하시기도 합니다. 기성 사료의 대안으로 '생식' 급여를 택하게 된 것이지요.

과연 고양이 건강을 위해 일반 사료보다 생식 식단을 챙겨주는 것이 훨씬 나은 선택일까요? 다음 장에서는 생식에 관한 여러 가지 진실을 말씀드리고, 영양학 전문가이자 수의사로서 꼭 당부하고 싶은 말들을 꺼내보려 합니다.

수의사들이 생식을 권하지 않는 이유

미국이나 유럽 쪽 수의사의 상당수는 생식을 권하지 않는 편입니다. 여러 가지 위험 요인을 피해 안전하고 좋은 것만 먹이고 싶은 보호자의 마음은 이해하지만, 생식을 조리하는 과정에서의 부주의 혹은 불균형한 영양소 배합의 위험성 등으로 인해 오히려 반려동물과 보호자의 건강에 문제를 일으킬 수 있기 때문이지요.

인수 공통 전염병의 문제

'인수 공통 전염병'이란, 척추동물과 사람 양쪽으로 감염될 수 있는 병을 일컫습니다. 주로 동물에서 사람으로 감염되는 전염병을 뜻하는데요. 생식, 특히 생 육류를 조리할 때에 각별히 주의하지 않으면 인수 공통 전염병에 감염될 위험이 있습니다.

닭고기 생식을 예로 들어보겠습니다. 닭고기 생식을 만들기 위해서는 보호자님이 직접 생닭을 만지셔야 할 텐데, 조리되지 않은 생닭에는 간

— **고양이가 살모넬라균을 섭취하면 어떤 문제가 생길까?** —

고양이 역시 사람과 동일하게 식중독 증상을 보입니다. 구토나 설사를 계속 하게 돼 고양이가 탈진할 수 있어 주의해야 합니다. 특히 면역력이 약한 고양이라면 며칠 간 병원에 입원해 경과를 지켜봐야 할 만큼 살모넬라균은 고양이에게도 치명적인 세균입니다.

151

혹 '살모넬라'로 불리는 세균이 서식하곤 합니다. 이때 장갑이나 칼 등의 조리 기구 또는 보호자님의 맨손에 이 살모넬라균이 묻어 식중독과 같은 감염증을 유발할 수 있습니다. 실제로 이러한 사례가 적지 않게 발생하고 있으므로 생식을 준비하는 보호자라면, 특히 어린이나 노약자가 있는 가정이라면 위생을 더욱 철저하게 관리하셔야 합니다.

하지만 현실적인 여건상 이런 위험성을 완벽히 없앨 순 없을 겁니다. 이 때문에, 일부 수의사는 생식 급여를 지양하길 권하는 것입니다.

영양불균형의 문제

수의사들이 생식을 우려하는 가장 큰 이유는 바로 영양불균형 문제 때문일 겁니다. 얼마 전 유럽수의내과학회가 시중에서 판매하고 있는 바프 생식BARF, Biologically Available Raw Food을 포함한 15개의 생식 샘플을 수거하여 직접 영양소함량을 분석한 적이 있었는데요. 조사 결과 15개 분석 대상 중 14개의 샘플에서 칼슘:인의 심각한 불균형이 관찰됐습니다.

이들 연구에 따르면, 생식 제품의 영양 배합(포뮬러)은 대부분 고양이에게 장기간 주식으로 급여하기에는 부적절한 수준인 것으로 밝혀졌습니다. 분석 대상이었던 생식 제품들의 상당수에서 특정 영양소가 부족하거나 칼슘과 인 또는 구리와 아연의 비율이 맞지 않는 등의 영양불균형 문제가 확인됐기 때문이지요.

특정 영양소의 밸런스를 잘못 맞춘 식품을 고양이에게 장기적으로 급여한다면 반려묘의 건강이 나빠질 수도 있습니다. 특히 성장기에 생긴 영양 불균형은 더욱 돌이키기 힘들기 때문에 전문적인 지식 없이 무작정 생식을 하려는 것은 지양해야 합니다. 문제는, 아무리 영양학 전문가의 도움을 받아 생식을 제조한다 하더라도 고양이에게 필요한 영양소 함량과 영양소 간의 균형을 맞추기란 결코 쉽지 않다는 점입니다. 따라서 많은 수의사는 고양이가 안전한 먹거리를 섭취할 수 있도록, 그리고 공중 보건상의 문제가 발생하지 않도록 보호자가 집에서 직접 생식을 제조하는 것을 권장하지 않고 있습니다.

그럼 생식은 모두 위험한 것일까?

생식을 급여하시는 것이 모두 위험한 것은 아닙니다. 생식의 가장 큰 장점은 수분함량이 높다는 것입니다. 생식에 포함된 수분은 거의 습식에 가까울 정도로 많아서 하부요로기계 질환이나 방광질환, 결석질환 등을 예방하는 데 도움이 될 수 있습니다. 또한 오랜 시간 시중에 유통되는 사료와 비교하면, 신선한 원재료를 직접 고양이에게 급여할 수 있다는 점도 생식의 또 다른 장점이 아닐까 싶습니다.

다만 고양이 개체마다 신체적 특성 등이 다양한 데다, 고양이에게 필요한 다양한 영양소를 생식 한 가지로만 충족할 순 없다는 점은 반드시 명심하셨으면 합니다.

사료를 구매하기 전에 이 제품이 내 고양이에게 맞는 사료인지 신중히 살펴보듯, 생식을 급여하시기 전에도 내 고양이에게 필요한 영양소로 구성되어 있는지 꼼꼼히 확인해주세요. 주식이 아닌 영양 간식으로 적절한 양의 생식을 제공해주신다면, 수의사들이 염려하는 문제를 최소화하실 수 있을 겁니다. 생식을 급여하기 전에 반드시 점검하셔야 할 주의 사항은 뒤의 챕터에서 좀 더 자세히 설명해드리겠습니다.

생식 급여 시 미네랄 함량 맞추기

앞서 생식 속 미네랄(칼슘:인 비율 등)의 영양 배합은 불균형한 경우가 많다고 지적한 바 있습니다. 그렇다면 가정에서 직접 생식을 만들 때, 내 고양이에게 적합한 영양 배합(포뮬러) 정보를 확인할 수 있는 방법은 없을까요?

가장 간단한 방법 하나를 소개해드리겠습니다. 국립축산과학원 홈페이지(http://www.nias.go.kr)의 '반려동물 집밥 만들기'라는 섹션을 활용하시는 방법입니다. 해당 페이지에 접속하셔서 고양이의 체중과 묘종, 성장 단계, 성별, 활동 단계 등을 선택하고 급여하고자 하는 생식의 주원료를 확인한 뒤, '배합비 계산' 메뉴를 클릭하면 됩니다.

이후 하단에 나타난 배합량과 원료 사용의 최대·최소치를 참고하여 먹거리를 만드시면 되는데요. 특히 주요 성분에 함유되어 있는 칼슘과 인의 함량을 잘 살펴보시는 것이 좋습니다. 또한 하단에서 제공되는 원료와 영양소함량에 관한 정보는, 우리나라에서 재배되는 농축산물을 기준으로 하고 있음을 참고해주세요.

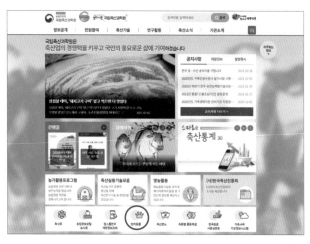

국립축산과학원 홈페이지 캡처

'반려동물 집밥 만들기' 원료 선택창 화면

하지만 위의 방법은 내 고양이에게 딱 맞는 구체적인 영양 배합비가 아니라는 사실을 꼭 기억하셔야 합니다. 해당 자료는 고양이 각 개체의 신체적 특성 등을 고려하지 않은, 일반적이고 대략적인 배합비를 반영

― 미네랄 맞추기가 어려운 이유

- 미네랄의 경우 주로 mg 단위를 씁니다. 따라서 일반 가정에서 극소량의 미네랄 성분을 측정하기 어려울 수밖에 없지요.
- 동일한 종류의 원료여도 원산지에 따라 구성 성분의 함량이 다를 수 있으며, 문헌상의 수치와 실제 수치에 오차가 있을 확률이 큽니다.
- 1장에서 살펴본 것처럼, 미네랄의 종류는 무척 다양합니다. 그리고 성분마다 고양이에게 맞는 최소·최대 범위가 존재합니다. 너무 많아도, 너무 적어도 고양이의 건강에 위협이 될 수 있어 함량을 맞추기가 상당히 까다롭습니다.

한 것이기 때문이지요. 모든 영양소의 함량이 아닌 일부 아미노산 성분과 주요 미네랄 성분의 함량을 위주로 한 정보이므로, 생식을 만들 때에는 대략적인 참고 자료 정도로만 활용하시길 권합니다.

이밖에 생식을 급여할 때 특별히 주의할 점

지금까지 소비자들이 생식을 선택하는 근본적인 원인과, 상당수의 수의사가 영양학적으로 우려하는 생식의 문제점, 그리고 직접 조리할 때 주의해야 할 점들을 짚어보았습니다. 같은 맥락에서, 영양학 전문가의 시각으로 당부하고 싶은 말씀을 몇 가지 덧붙여볼까 합니다.

주기적인 건강검진은 필수!

급여하고 계신 생식의 영양소 함량 등을 모두 점검하시기 힘든 상황이라면, 최소한 1년에 한 번은 고양이와 함께 동물병원에 방문해 건강검진을 받아보시길 권합니다. 장기간 생식을 먹였는데 건강검진 결과 특별한 문제가 발견되지 않았을 경우, 고양이 체질과 해당 생식이 영양학적으로 어느 정도 잘 맞는다는 것을 의미할 수 있습니다. 주기적인 검사를 통해 고양이의 영양 상태를 점검하면서 생식 식단에 문제가 없는지 간접적으로 확인하는 것이지요.

급여 중인 생식이 고양이와 잘 맞는지를 좀 더 확실하게 확인하고 싶으시다면, 혈액검사와 모발검사를 추가로 받아 특정 영양소가 지나치거나 부족하진 않은지 면밀히 점검하는 것이 좋습니다. 두 검사 결과 고양이의 건강 상태가 이전보다 나빠졌다고 판단되면 생식 급여는 잠시 멈추는 것이 안전할 것입니다.

조리할 때는 위생 점검부터 철저히!

생식을 직접 만들어 급여하기로 결심하셨다면, 기본적으로 마스크와 위생장갑을 반드시 착용하는 것이 좋습니다. 또한 사람이 사용하는 주방 도구와 생식 조리용 도구는 반드시 구별해서 사용해야 하며, 조리가 끝난 후에는 꼭 흐르는 물에 손을 깨끗이 닦아내야 합니다.

앞서 북미와 유럽의 수의사들이 생식을 권장하지 않는 가장 큰 이유 중의 하나가, 바로 공중보건 위생 문제 때문이라고 말씀드렸습니다. 특히 닭·오리와 같은 조류 고기에는 식중독을 유발하는 살모넬라균·클로스트리듐 등의 세균이 서식하는 경우가 많은데요. 실제로 위생적이지 않은 환경에서 생고기를 조리하다 식중독에 감염되는 사례가 빈번히 발생하곤 합니다.

이밖에 고기 단백질에 서식하는 '브루셀라^{Brucella}'라는 세균은, 심한 경우 유산·사산을 유발하기도 하므로, 혹시 출산을 앞두고 계신 보호자님이라면 생식을 조리할 때 위생 관리에 더욱 주의하셔야 합니다.

생식 먹거리의 종류는 이전보다 훨씬 풍부해졌습니다. 단백질만 하더라도 닭고기부터 사슴고기, 양고기, 오리고기 등 그 종류와 부위가 굉장히 다양하게 판매되고 있습니다. 이 때문일까요, 영양학 세미나를 다니면 '생식 포뮬러'에 관한 질문을 상당히 많이 받곤 합니다. 그때마다 저는 "닭고기 생식이라고 해서 포뮬러가 다 같은 것이 아닙니다"라고 말씀드립니다. 아무리 같은 원료를 급여한다 하더라도 부위와 원산지 등에 따라 영양소함량은 모두 다를 수밖에 없기 때문이지요.

이는 곧, 생식을 급여하기로 결정하셨다면 고양이 건강을 위해 보호자께서 성분을 더욱 세세하게 신경 써야 한다는 의미와도 같습니다. 작은 동물이나 곤충 등을 직접 사냥해 부족한 영양소를 채우는 길고양이와 달리, 집고양이의 경우 보호자가 급여하는 음식에 의존해야만 필요한 영양소를 채울 수 있기 때문입니다. 결국 보호자가 급여한 음식에 특정 영양소가 부족할 경우, 결핍된 부분만 영양학적으로 해소하는 것은 불가능에 가깝습니다.

사실 "생식은 고양이 건강에 좋지 않다"라는 말은 정확하지 않습니다. "부적절한 생식 포뮬러의 장기 급여는 고양이의 건강을 해칠 수 있다"라는 말이 맞지요. 사랑하는 고양이의 무병장수를 위해, 생식 급여를 선택하기 전에 깊이 고민하시면 좋겠습니다.

집사들은 이런 게 궁금해! ⑤

화식, 우재쌤은 어떻게 생각하세요?

👤3

집사K

우재쌤, 재료를 익힌 후 다른 영양소를 첨가해 만드는 '화식'은 괜찮지 않나요?

화식은 열을 가해 익힌 것이니 아무래도 곰팡이, 세균, 바이러스 등의 위협에서 비교적 자유로운 편이겠죠? 또한 몇몇 식물성 원료의 경우 생으로 주는 것보다 익혀서 급여할 경우 소화 흡수율을 높일 수 있다는 장점이 있습니다.

우재쌤

집사K

오, 그럼 화식을 먹는 것이 고양이에게 제일 좋겠네요? 단점은 없나요?

흠…. 그런데 비타민과 같은 일부 영양소는 열에 의해 손실되기도 해요. 그리고 안타깝게도 아직 고양이가 화식을 주식으로 먹는 것에 대한 과학적인 연구가 많이 이뤄지지 못한 상황이에요. 화식 레시피는 만드는 사람마다 모두 다른 데다, 만들 수 있는 먹거리의 범위도 굉장히 넓기 때문에 연구가 쉽지 않은 상황입니다. 따라서 굳이 말씀드리자면 화식은 생식보단 위생적으로 덜 위험한 식단이라고 볼 순 있겠지만, 수차례 의학적으로 검증된 사료처럼 '영양학적으로 안전한 식단'이라고 보긴 힘들 것 같습니다.

우재쌤

집사K

으아~ 각자 다 장단점이 뚜렷하네요. 자, 선생님! 우리 솔직히 이야기를 나눠보아요. 만일 우재쌤이 고양이를 키우신다면 평생 건사료만 급여하실 건가요?

주로 건사료를 급여하긴 하겠지만, 제게 영양소 함량을 제대로 맞출 시간만 충분히 주어진다면, 저는 간간이 생식을 만들어 고양이에게 급여해 줄 거예요. 저는 "생식과 화식은 위험하니 먹이지 말아라"라고 말하고 싶지 않아요. 영양학을 제대로 공부한 뒤, 비타민이나 미네랄(칼슘, 인)과 같은 작은 영양소의 함량을 직접 조절할 능력이 된다면 당연히 생식과 화식은 좋은 급여법이 될 수 있어요.

우재쌤

집사K

일반 가정에서 영양소의 함량을 측정할 장비를 갖추긴 어렵잖아요? 가끔 특별한 음식을 직접 만들어주고는 싶은데 포기하는 게 좋겠죠?

너무 낙담하지 마세요. 최대한 영양소를 맞춰 생식을 급여하시되, 정기적으로 건강검진을 받으면서 고양이의 상태를 정밀하게 체크한다면 문제 발생률을 줄일 수 있습니다. 참고로 혈액 검사는 지금까지 먹여왔던 것의 결과물을 보여주는 검사이기도 한데요. 결과에서 별다른 문제가 발견되지 않았다면 식단을 크게 바꾸지 않아도 된다는 의미라고 볼 수 있습니다. 항상 명심해 주세요. 정기적으로 받는 건강검진은 내 고양이의 건강 상태를 확인할 수 있는 가장 정확한 방법이랍니다!

우재쌤

고양이 동수

읆? 미야옹. (= 오? 우재쌤이 만든 생식이라니, 기대가 되는군.)

고양이 영양제 고르기

사료만 잘 먹여도 영양제를 줄일 수 있다?

"선생님, 그래도 사료만 먹이는 것보단 영양제를 함께 먹이는 게 낫겠지요?"

고양이가 조금이라도 더 건강하길 바라는 마음에, 많은 보호자께서 영양제 구매를 고민하고 계신 것으로 압니다. 하지만 당장 내 고양이에게 무슨 영양제를 사다줘야 할지, 이 영양제가 고양이에게 정말 필요한 것인지 잘 모르시는 경우가 많은데요.

만약 고양이에게 특별한 질병이 없고 적합한 사료를 올바른 방법으로 급여해 오셨다면, 굳이 각종 영양제를 챙겨주시지 않아도 무방합니다. 특히 아래와 같은 성분은 별도의 영양제를 챙겨주시지 않고서도 충분히 관리할 수 있으니 참고하시면 좋겠지요.

L-라이신(L-lysine) 제제

아미노산의 한 종류인 'L-라이신'은 체내 면역 기능을 높이는 효과가 있다고 알려져 그간 면역 증진제로 많이 사용되었습니다. 특히 '허피스 바이러스'를 예방하기 위한 영양성분으로 알려져 한때 키튼kitten용 사료나 임신·수유용 사료의 겉면에 'L-라이신 성분 포함'이라는 홍보 문구가 큼지막하게 쓰여 있기도 했지요.

허피스 바이러스는 고양이의 면역 기능이 떨어지면 주로 발병하는데요, 이 바이러스가 고양이 체내에 들어오면 '아르기닌'이라는 아미노산 성분을 섭취하며 증식하기 시작합니다. 이때 아르기닌의 구조와 비슷한 L-라이신을 섭취하게 되면, 그만큼 아르기닌의 수치를 낮출 수 있어 허피스 바이러스의 증식을 억제하는데 어느 정도 도움이 된다고 알려져 있습니다. 그러나 "L-라이신이 과학적으로 면역 증진과 관련되어 있다."라는 홍보 문구의 근거는 딱 여기까지입니다. 실제로는 허피스 바이러스 발병 초기에 잠시 고농도의 L-라이신을 섭취할 것을 권할 뿐이며, 이 역시도 주 치료 방법이 아닌 보조적 수단으로 그치기 때문입니다.

또한 L-라이신은 사료의 동물성·식물성 원료에 이미 함유되어 있습니다. AAFCO, FEDIAF 기준을 충족한 사료라면, 고양이가 별도의 영양제를 먹지 않아도 필요한 만큼의 L-라이신 성분을 섭취할 수 있다는 의미입니다. 이 때문에 현재 시판되고 있는 대부분의 고양이 사료에서는 "L-라이신을 추가했다"라는 홍보 문구나 라벨 등을 찾아볼 수 없게 됐지요.

타우린 영양제

고양이는 개와 달리 체내에서 스스로 합성시키는 타우린의 양이 매우 적기 때문에, 반드시 별도의 먹거리를 통해 부족한 타우린을 보충해주어야 합니다. 고양이가 섭취해야 하는 타우린 권장량은 그리 많은 편은 아니지만, 타우린이 결핍된 먹거리를 장기간 급여하게 되면 시신경 기능이 떨어지거나 심장 쪽에 질환이 생길 위험이 있어 잘 챙겨주셔야 합니다.

하지만 타우린 섭취를 위해 별도의 영양제를 구매하실 필요는 없습니다. 다행히 요즘 판매되는 고양이 사료의 대부분에는 적정량의 타우린이 잘 함유되어 있기 때문입니다. 최근 타우린 결핍으로 동물병원을 찾아오는 고양이 손님도 거의 없는 편이니, 크게 걱정하시지 않아도 될 듯합니다.

질병별로 알아 두면 좋을 영양제와 그 효능

이번에는 고양이가 자주 걸리는 질환을 중심으로, 사료와 함께 급여하면 도움이 될 만한 영양제와 그 효능을 간략히 설명해드리겠습니다.

허피스 바이러스: 면역력 강화제

앞서 잠시 말씀드린 것처럼, 허피스 바이러스를 방어하기 위해서는 고양이의 면역력을 튼튼하게 만드는 것이 무엇보다 중요합니다. 허피스 바이러스는 고양이 몸에 잠식해 있다가 고양이의 면역력이 떨어지는 때부터 급속도로 증식하므로(기회 감염), 평소에 면역력이 떨어지지 않도록 주변 환경을 청결히 해주시는 것이 좋은데요. 필요에 따라 비타민류 항산화제 혹은 종합비타민 영양제 정도로 조금만 챙겨주셔도 면역력을 유지하는 데 도움이 될 수 있습니다.

특히 태어난 지 얼마 안 된 아기 고양이는 허피스 바이러스에 훨씬 취약합니다. 이때 어미의 초유를 섭취했는지, 아닌지에 따라 아기 고양이의 면역력에 큰 차이가 나는데요. 허피스 바이러스를 예방하는 것이 목적이라면 어미에게서 초유를 충분히 공급받을 수 있도록 환경을 마련해주는 것이 최선의 방법입니다. 하지만 고양이가 어미를 잃었다면, 면역력을 형성하는 일정 기간에는 외부와의 접촉을 최소화하는 것이 가장 안전합니다.

이처럼 어린 고양이의 건강을 지키기 위해서는, 면역력 강화제를 여러 차례 먹이는 것보다 세균을 옮길 만한 환경을 제대로 차단해주는 것이 훨씬 바람직한 방법입니다. 외출에서 돌아온 후 바로 손을 씻거나 옷을 갈아입는 작은 습관이 때론 값비싼 영양제보다 효과적일 수 있다는 점을 꼭 명심해주세요.

헤어볼 영양제

고양이는 수시로 그루밍을 하기 때문에 털을 자주 삼킬 수밖에 없습니다. 삼킨 털의 일부는 공처럼 뭉쳐서 '헤어볼'을 만들어내는데요. 대부분의 헤어볼은 변이나 구토로 자연스럽게 배출되곤 하지만, 갑작스레 많은 양의 털을 삼킬 경우 헤어볼이 위장의 점막을 자극하거나 위장관을 막아 문제를 일으킬 수 있어 주의해야 합니다.

헤어볼의 배출을 돕는 기능식 사료는 앞에서 말씀드린 적이 있습니다. 기능성 사료는 그 효능이 입증된 바가 없기 때문에, 고양이가 갑자기 심하게 그루밍을 하거나, 헤어볼을 평소보다 자주 토해내거나, 장기간 헤어볼을 배출하지 않는 등의 뚜렷한 증세를 보인다면 주치의와 상담을 한 후 처방식 혹은 연구가 확실히 완료된 영양제를 선택하는 것이 좋습니다.

'헤어볼 방지/제거제' 혹은 '헤어볼 예방 젤'로 불리는 제품에는 주로

─ 헤어볼 문제를 확인하는 방법? ──────────────────

고양이가 평소에 그루밍을 어느 정도 하는지 털은 어느 정도로 빠지는지 미리 알아 두는 것이 좋습니다. 평소보다 심하게 그루밍을 하거나 털이 많이 빠질 경우 헤어볼 문제가 발생할 확률이 커지기 때문입니다. 또한 구토를 자주 하거나 환경이 바뀌어 적응하지 못하는 고양이는 헤어볼 문제를 겪고 있을 가능성이 크니 병원에 꼭 데려가주세요.
간혹 구토로 헤어볼을 배출하지 않는 고양이도 있습니다. 일반적인 경우는 아니기 때문에 헤어볼이 체내에 쌓여있는 것은 아닐까 걱정하실 수 있는데요. 이럴 때에는 화장실 청소를 하면서 헤어볼이 변과 함께 잘 배출되었는지 확인하면 됩니다.

석유계 윤활제나 바세린 등의 성분이 들어갑니다. 생소한 성분이 함유되어 있다 보니 많은 보호자께서 "고양이 건강에 해롭지 않느냐"라고 물으시곤 하는데요. 결론부터 말씀드리자면, 제품에 함유된 해당 성분은 신체에 해가 될 정도의 양이 아니기 때문에 크게 걱정하지 않으셔도 됩니다.

다만 기존에 먹고 있던 사료 위에 발라주시거나 따로 먹여야 하기 때문에 효모나 식이섬유를 활용한 '캡슐형' 헤어볼 영양제를 먹이는 것보다 기호성이 떨어진다는 것이 가장 큰 흠일 겁니다. 고양이가 영양제 섭취를 거부할 가능성이 높지요. 이때에는 동물병원에서 캡슐을 구매해 헤어볼 예방젤을 담아 먹이거나, 기호성이 좋은 습식 주식캔 등을 소량 덜어 영양제와 비벼서 주는 방법으로 급여를 시도해보길 권합니다.

장 건강: 프리바이오틱스와 프로바이오틱스

장 건강에 도움을 주는 대표적인 영양 성분은 다음과 같이 크게 두 가지로 나뉩니다. 장내 유익한 미생물을 활성화하는 '프리바이오틱스prebiotics', 그리고 몸 안에서 직접 유익균 역할을 하는 '프로바이오틱스probiotics'입니다.

● 유산균을 지키는 프리바이오틱스(Prebiotics)

프리바이오틱스는 유산균과 같은 장내 유익균의 생장을 튼튼히 유지하는 데 도움을 주는 성분으로, 그 종류로는 FOS, MOS, 이눌린 등이 있습니다.

프리바이오틱스는 유익균이 장내에서 증식할 수 있도록 최적의 장 환경을 만드는 역할을 합니다. 덕분에 프리바이오틱스는 고양이의 분변지수나 면역 능력의 증진을 목적으로, 키튼 단계의 먹거리나 장질환 처방식에도 적극적으로 활용되고 있습니다.

● 살아 있는 유산균, 프로바이오틱스(Probiotics)

프로바이오틱스는 이른바 '살아 있는 유산균'으로, 장 속의 유해균을 억제하거나 배변 활동을 원활하게 돕는 유익균에 속합니다. 이렇다 보니, 프로바이오틱스는 프리바이오틱스와 달리 온도에 약해 건사료 성분으로 들어가기에 적합하지 않지요. 프로바이오틱스 영양제는 용기에 잘 밀봉하여 서늘한 곳에 두고 급여하면 그 효과가 가장 큽니다.

현재까지의 연구 결과에 따르면, 프로바이오틱스 섭취는 고양이의 분변지수를 높이는 데 도움을 주는 것으로 밝혀졌는데요. 물론 그 효능은 고양이의 신체적 특성에 따라 조금씩 다르게 나타나긴 합니다. 묽은 변을 보던 증상이 프로바이오틱스를 섭취한 이후 완화된 사례도 있지만, 별다른 효과를 보지 못한 사례도 있기 때문입니다.

효능이 과학적으로 증명된 프로바이오틱스로는 '락토바실루스 아시도필루스Lactobacillus acidophilus'라는 유산균을 들 수 있습니다. 최근 영국에서 발표된 연구 논문에 따르면, 해당 성분을 영양제로 급여한 고양이들의 분변지수가 다른 대조군보다 높은 점수를 받은 것으로 나타났습니다. 체내의 병원성 대장균 수 역시 영양제를 급여하기 전보다 감소한 것으로 나타났지요.

위의 종류를 제외하고, 프로바이오틱스가 고양이의 장에 구체적으로 어떤 도움을 주는지에 대한 명확한 연구 결과는 아직 나오지 않은 상태

─ 프로바이오틱스 영양제, 똑똑하게 먹이는 법 ─────

프로바이오틱스 영양제의 효과를 높이기 위해서는 유산균이 '살아서 장까지 잘 도달할 수 있도록 하는 것'이 가장 중요합니다. 프로바이오틱스 제제를 구매하기로 결정하셨다면, 아래의 사항들을 미리 확인해보시기 바랍니다.

1. 유산균 균수(함량) 확인!
2. 유산균 보호를 위해 특수 코팅된 캡슐 제제인지 꼼꼼히 확인!
3. 웬만하면 냉장 상태로 유통된 제품으로!

유산균 영양제를 고를 때에는 유산균이 얼마나 함유되어 있는지 잘 확인해야 합니다. 유산균 함량을 표시하는 주 단위는 'CFU'이며, 영양 성분표에는 "1X10^{9}CFU, 2X10^{12}CFU"와 같이 표기되어 있습니다. 시중에 판매되는 프로바이오틱스 영양제는 10^9~10^{12}CFU 정도의 유산균을 함유하고 있는데요. 그중에서 유산균 함유량이 10^{10}CFU 이상인 제품을 구매하시는 것이 가장 좋습니다.

또한 유산균 영양제는 크게 캡슐(알약)과 파우더(가루) 형태로 나뉩니다. 포장 상태에 따라 비용과 효능에서 차이가 나기 때문에 고양이의 약 먹는 습관 등을 고려하셔서 신중하게 구매하시길 권합니다. 고양이가 심하게 거부하지 않고 약을 먹는 편이라면 캡슐 제제를 급여하는 것이 가장 좋지만, 그렇지 않다면 먹거리 위에 뿌리거나 섞을 수 있는 파우더형 영양제를 구매해야겠지요.

앞서 유산균은 높은 온도에 취약하다고 말씀드렸습니다. 따라서 유산균을 최대한 보호하기 위해서는 제품의 유통·보관 상태에도 신경을 써주셔야 합니다. 아무래도 냉장 상태로 유통되는 제품이어야, 영양제 내의 유산균이 가장 활발하게 살아 있을 가능성이 높겠지요?

입니다. 이렇다 보니, '프로바이오틱스를 급여해도 안전한가'를 두고 학계의 논란은 계속되고 있습니다.

하지만 한 가지 분명한 것은, 프리·프로바이오틱스 모두 장내 세균총의 균형을 유지하는 데 도움을 주는 영양제라는 사실입니다. 고양이 건강에 큰 문제를 일으킬 만한 심각한 부작용은 아직 보고된 적이 없는 데다, 아예 먹지 않는 것보단 차라리 섭취하는 것이 낫다는 것이 대다수 수의사의 의견인데요. 결국 내 고양이의 장 건강을 위한 선택이니, 보호자님과 주치의의 판단에 따라 신중히 영양제 급여 여부를 결정하시면 되지 않을까 싶습니다.

새로운 영양제 '신바이오틱스(Synbiotics)'

앞서 고양이의 장 건강을 위한 영양제로 프리·프로바이오틱스에 관해 설명해드렸습니다. 이번엔 이 두 가지 성분의 장점을 합친 미래형 영양제, '신바이오틱스Synbiotics'에 대해 잠시 말씀드려 보겠습니다.

조금 앞서나간 이야기이긴 하지만 이 책의 초판이 출간된 지 2~3년이 지나면 프리·프로바이오틱스 성분을 함께 사용한 고양이용 신바이오틱스 제제가 본격적으로 출시될 것으로 보입니다. 요즘은 두 성분 각각의 효과 여부를 따지는 연구보단, 두 성분이 어떤 상호 작용에 의해 건강에 유익한 영향을 끼치는가를 살펴보는 연구가 활발히 진행되고 있기 때문이지요. 아직 뚜렷한 연구 결과가 나온 것은 아니지만, 프리·프로바이오틱스가 함께 만들어내는 여러 가지 효소와 작은 소포체들은 고양이의 장 면역계에 긍정적인 작용을 일으키는 것으로 확인되고 있습니다.

다만 신바이오틱스는 온도 변화에 취약할 수 있어 초기에는 일반 건 사료 형태로 유통되기 어려울 겁니다. 향후 혁신적인 포장재가 나오거 나 냉장 배송과 냉장 보관이 가능한 유통 환경이 마련된다면, 일반 사료 형태로도 출시될 수 있겠지요. 겉면에 신바이오틱스 라벨이 찍힌 미래 형 사료가 시중에서 판매될 날이 그리 멀진 않은 것 같습니다.

노령묘를 위한 항산화제

항산화제는 인지 기능 장애 등의 질환을 예방하기 위한 목적으로, 주로 노령묘에게 추천하고 있는 영양제입니다. 세포의 노화를 억제하는 항산 화 성분을 많이 함유하기 때문이지요.

대표적인 항산화 성분으로는 비타민 C, 비타민 E, 오메가3지방산, 타 우린Taurine, 루테인Lutein 등이 있습니다. 이밖에도 제아잔틴Zeaxanthin, 토마 토에서 추출된 라이코펜Lycopen, 녹차추출물인 폴리페놀Polyphenol, 베리류 에서 추출되는 안토시아닌Anthocyanin 등 항산화제에 함유된 성분은 굉장 히 다양합니다.

하지만 비타민 C와 비타민 E를 제외하고는, 영양제 겉면의 라벨에서 다양한 영양 성분의 함량을 확인하기란 쉽지 않습니다. 비타민과 달리 이 들 성분은 법정 필수 표기 사항이 아니기 때문이지요. 만일 성분별 상세

세포의 노화를 막는 항산화제

함량이 궁금하시다면, 각 제품에 별도로 들어 있는 영양 정보 안내서를 읽어보시거나 직접 제조사 홈페이지에 접속하셔서 확인하시면 됩니다.

물론 일일이 모든 성분을 점검하셔야 하는 것은 아닙니다. 내 고양이의 건강 상태에 따라 비타민류와 오메가3지방산의 함량 정도만 꼼꼼히 비교하셔도 충분합니다. 다시 한번 강조하지만, 아무리 좋은 영양분이라도 과한 것은 금물입니다! 반드시 주치의와의 상담을 통해 고양이에게 적합한 영양소 기준을 안내받으신 후, 구매 여부를 신중하게 결정해주세요.

그밖의 영양제: 피모와 관절 건강

● 피모 건강을 위한 영양제

고양이의 털 상태가 푸석해지거나 비듬과 같은 증상이 지속적으로 나타나는 경우, 주치의와의 상의를 거쳐 피모 영양제의 급여를 고려해볼만합니다.

피모 영양제 제품에는 대표적으로 비타민 A, 오메가3지방산, 오메가6지방산, 아미노산(황을 포함한 아로마 계열), 나이아신 등의 성분이 함유되어 있습니다. 이들 성분은 고양이 체내에서 스스로 만들어내지 못하는 성분으로, 결핍되었을 때에는 피부 건조증·가려움증·비듬 등의 질환을 유발하기도 합니다.

간혹 비타민 A를 듬뿍 챙겨주고 싶어 고양이에게 사람의 영양제를 주시는 경우도 있는데요. 굉장히 위험한 행동이니 지양하셔야 합니다. 같은 비타민 A 영양제라도, 사람과 고양이용 영양제의 비타민함량은 차이가 꽤 크기 때문입니다. 고양이가 비타민 A를 지나치게 많이 섭취할 경우에는 간에 독성이 쌓여 큰 문제가 생길 수 있습니다. 영양제는 어디까지나 보조 식품이라는 점을 꼭 명심해주세요!

● 관절 강화에 좋은 영양제

관절 영양제에는 주로 관절염에 도움이 되는 글루코사민, 콘드로이틴, 상어 연골, 녹색입홍합 등의 성분이 포함되어 있습니다.

몇몇 영양제는 항염증 및 통증 완화 기능을 지닌 오메가3지방산을 주성분으로 하여 제조되기도 하는데요. 고양이의 경우 식물성 원료보다는 생선과 해조류, 물개 오일과 같은 동물성 원료에서 추출된 오메가3지방산을 먹이는 것이 효과적입니다. 사람·개와 달리 고양이는 스스로 식물성 오일 속의 성분을 오메가3지방산으로 변환시킬 수 없기 때문입니다 (1장의 '오메가3지방산' 내용 참고).

영양제 제대로 고르는 꿀팁?

원하시는 답변이 아닐 수도 있겠지만 영양제를 제대로 고르는 꿀팁은 세상에 없습니다. 모든 고양이의 건강 상태를 몇몇 사례로 일반화할 순 없기 때문입니다. 앞서 고양이가 자주 걸리는 질환별로 영양제를 분류해 자세히 설명해드렸으나, 이 역시 어디까지나 '참고 정보'일 뿐 최선의 선택이라고는 할 수 없습니다. 내 고양이에게 필요한 최적의 영양제를 찾기 위해서는 반드시 주치의와의 상담, 그리고 정확한 건강검진이 선행되어야 합니다.

또한 영양제 급여가 필요한 고양이는 그리 많지 않습니다. 대부분의 고양이는 기존에 먹던 주식만으로도 필수적인 영양분을 충족할 수 있을 뿐더러, 영양제를 부가적으로 챙겨 먹지 않아도 될 만큼 건강하기 때문입니다.

음수량을 늘리기 위해 물 그릇을 하나라도 더 놓아주고, 스트레스 완화를 위해 환경을 더 풍부하게 해주고, 백신 등을 정기적으로 접종해 면역력을 높여주고, 매일 치아를 케어해주고, 적절한 먹거리를 선택하기 위해 따로 공부하시는 것이 불필요한 영양제의 수를 늘리는 것보다 고양이 건강에 훨씬 도움이 됩니다.

영양 보조제는 고양이 건강을 보장해주지 않습니다. 영양제 회사들의 마케팅 수법에 속지 않는 똑똑한 집사가 되어주세요. 지금 이 책을 읽고 계신 보호자님이라면, 내 고양이를 위해 무엇을 먼저 선택해야 하는지 너무나도 잘 아시리라 믿습니다.

집사들은 이런 게 궁금해! ⑥
고양이에게 사람용 요거트를 먹여도 괜찮다?
👤3

집사K

사람은 영양제 외에도 장 건강을 위해 여러 종류의 유산균을 섭취하잖아요? 그럼 고양이에게 제가 먹는 요거트를 먹여도 같은 효과를 얻을 수 있을까요?

요거트에는 복통 등을 일으킬 수 있는 유당이 거의 남아 있지 않으므로 한두 번 맛보게 하는 것은 괜찮습니다. 사람용 먹거리를 고양이에게 공유하는 것을 추천하고 싶지는 않지만, 어쩌다 한 번 먹여보고 싶으시다면 반드시 '플레인'류의 요거트로 주시되 한 번에 1.5큰술 이상 먹이지 않도록 주의해 주세요. 특히 당의 농도가 높거나 향료·색소가 포함된 제품은 고양이에게 급여하지 않는 것이 좋습니다.

우재쌤

집사K

그렇다면 영양제도 마찬가지인가요? 고양이에게는 유산균 수가 10^{10}CFU 이상인 영양제가 좋다고 말씀하셨는데, 이 수치에 맞는 사람용(아기용) 유산균제를 고양이에게 급여해도 괜찮을지 궁금해요.

사람용 유산균제가 고양이에게 효과가 있는지는 아직 검증되지 못했어요. 가급적 고양이에게는 고양이용으로 만든 유산균제를 급여하시기를 권장합니다. 적당량의 유산균은 장내 면역을 지켜주지만, 유산균이 지나치게 증식하게 되면 오히려 장내 유익균마저 위협할 수 있습니다. 특히 고양이는 사람보다 장내에 서식하는 미생물의 숫자가 훨씬 적기 때문에 사람용 유산균제를 잘못 먹게 되면 오히려 문제가 발생할 수 있습니다. 아무리 어린이용 유산균제라고 해도 말이지요.

우재쌤

고양이 동수

우으응…. (= 나한테 자꾸 이상한 걸 먹이려고 하지 말란 말이야…)

3장

특별한 고양이들을 위한 영양학

고양이의 생애주기별 영양 관리

고양이의 생애주기 구분이 필요한 이유

건강검진은 몸에 특별한 증상이 나타나지 않더라도 정기적으로 받는 것이 좋습니다. 질환이 시작되는 것을 빠르게 감지해 예방하거나, 적절한 치료 시기를 놓치지 않도록 하는 것이 건강검진을 받는 가장 큰 목적이기 때문입니다.

고양이도 사람과 마찬가지로 정기적인 검진이 필요한데요. 고양이의 1년은 사람의 1년과 다르고, 생애주기별로 노화되는 속도 역시 다릅니다. 예를 들어 11세 이상 된 노령묘의 1년은 아기 고양이의 시간보다 빠르게 흐르는 데다, 사람으로 치면 4~5년 정도의 시간과도 같습니다. 따라서 적절한 치료 시기를 놓치지 않도록 고양이의 생애주기를 미리 숙지하는 것이 중요합니다.

키튼	주니어	프라임	중년기	노령기	고령기
생후 - 7개월	7개월 - 3세 미만	3세 - 6세 미만	6세 - 11세 미만	11세 - 15세 미만	15세 이상
생후 - 11세	12세 - 27세	28세 - 43세	44세 - 59세	60세 - 75세	76세 이상

사람과 고양이의 생애주기 비교

고양이의 생애주기는 어떻게 나뉠까?

2000년대 초반까지만 하더라도 고양이의 나이가 7세가 넘으면 '노령 묘'로 표현하곤 했습니다. 대부분 10세가 되기 전에 신부전이나 기타 질환으로 무지개다리를 건너는 일이 잦았지요. 그러나 20년이 흐른 지금은 다릅니다. 수의학·영양학의 발달과 더불어 보호자들의 고양이 건강에 대한 관심이 20년 전보다 월등히 높아지면서, 고양이의 평균 수명이 굉장히 늘어났습니다. 12세가 넘어서도 건강에 문제가 없는 고양이를 쉽게 만날 수 있는 세상이 된 것입니다!

이렇다 보니, 요즘은 6세 이상 11세 미만의 고양이를 '중년기Mature 고양이'로 분류하고 있는 추세입니다. 11세 이상이 되어야 비로소 '노령기 고양이'에 속한다고 볼 수 있겠지요. 따라서 이 책에서는 고양이의 연령대를 다음과 같이 분류하고, 연령대별로 알아두면 좋을 영양 관리법을 자세히 설명해드리고자 합니다.

생애주기 구분	고양이의 나이	특징
키튼 또는 아기 고양이 Kitten	생후~7개월 미만	매우 빠른 성장기에 속하지만 아직 성 성숙까지는 도달하지 않은 시기.
주니어 Junior	7개월~3세 미만	어미의 크기만큼 성장하며 생존 방식을 터득해가는 시기. 노르웨이 숲 등의 대형묘가 아닌 경우, 생후 1년째부터는 어덜트 사료를 먹이는 것이 좋음*
프라임(어덜트) 또는 청년기 Prime/Adult	3세~6세 미만	청년기에 해당하며 이 시기 이후부터 '성묘'로 분류됨. 생리학적, 행동학적으로 성숙해지고 묘생의 '황금기'라 불릴 정도로 건강하고 활동적인 시기.
중년기 Mature	6세~11세 미만	사람 나이로 40대 중반~50대 중반의 시기와 비슷함. 최근 고양이의 평균수명이 늘어나면서, 이 시기의 고양이를 '노령묘'로 분류하진 않고 있음.
노령기 Senior	11세~15세 미만	사람 나이로 60~70대 노인과 비슷한 연령대로, 이 시기 이후부터 '노령묘'로 분류하는 추세.
고령기 또는 노령요양기 Super Senior/ Geriatric	15세 이상	요양이 필요한 노령기에 해당되나, 일부 노령묘는 질환을 앓고 있지 않은 경우도 있음.

2019년 세계고양이수의사회(ISFM)가 제시한 가이드라인을 바탕으로 작성.
*노르웨이숲, 메인쿤 등의 대형묘는 16개월~2세까지 성장을 멈추지 않으므로 일반 고양이(1년 이내에 성장 완료)보다 키튼 사료를 오래 먹이는 것이 좋음.

고양이의 생애주기 분류

대부분의 성묘는 체중이 10kg을 넘지 않습니다. 물론 '메인쿤·노르웨이숲' 등의 대형묘는 몸무게가 10kg을 훌쩍 뛰어넘기도 합니다. 그런데 갑자기 웬 고양이 체중이냐고요? 몸무게에 따라서 고양이의 나이 계산이 달라질 수 있기 때문입니다.

예를 들어보겠습니다. 10kg 미만의 '코리안숏헤어' 고양이의 경우 보통 생후 10개월 정도면 사람 나이로 20대 초반에 해당됩니다. 하지만 10kg을 넘는 거대 고양이는 약 12개월까지도 성장하는 경우가 있어, 코리안숏헤어와 같은 고양이와 나이 계산법이 다를 수밖에 없습니다. 따라서 몸집이 큰 고양이를 키우고 계시다면 생후 1년이 넘어서까지도 뼈와 근육의 성장에 도움이 되는 '키튼용 사료'를 급여하시는 것이 좋겠지요.

물론 성숙 정도는 고양이 개체마다 천차만별이므로, 중성화 시기 등의 문제는 주치의와 상담한 후 정하시는 것이 가장 안전합니다. 참고로, 어미 고양이의 체중을 알고 계신다면 중성화 수술을 언제 받으면 좋을지 그 시기를 정하는 데 큰 도움이 될 수 있습니다.

어린 고양이의 입맛과 건강을 잡아라!

태어난 지 얼마 안 된 고양이(생후 4개월 미만)

● 어미 없는 아기 고양이의 영양 케어법

2개월 미만의 아기 고양이는 대부분 어미의 젖을 먹고 자랍니다. 그러나 길 생활을 하다가 어미를 잃고 혼자 남겨지는 경우도 더러 있습니다. 한창 어미의 보살핌을 받으며 초유를 먹고 건강한 항체를 갖춰나갈 시기인데, 그렇지 못한 아기 고양이가 꽤 많은 현실이 안타까울 뿐이지요…. 어미와 일찍 떨어진 아기 고양이는 이른바 '꾹꾹이'라고 하는 행동을 제대로 하지 못하거나 일반적인 고양이와 비교했을 때 식성이 많이 달라져 있기도 합니다.

만일 태어난 지 2개월도 되지 않은, 가족 잃은 고양이를 데려왔다면 어미 고양이의 초유와 영양학적으로 가장 유사한 '고양이용 분유' 혹은 '고양이용 우유'를 급여하길 권합니다. 비록 고양이용 분유·우유를 통해 초유에 들어 있는 항체를 섭취할 순 없겠지만, 영양 공급 측면에서는 어느 정도 차선책이 될 수 있기 때문입니다.

다만 마트에서 사람용 우유를 구입해 아기 고양이에게 주는 행위는 삼가는 것이 좋습니다. 사람용 우유에는 '유당(락토즈, Lactose)'이라는 성분이 들어 있는데요. 이 성분이 체내에서 제대로 분해되지 않으면 구토나 설사 등을 일으키는 원인이 될 수 있습니다.

생후 2개월이 안 된 아기 고양이의 몸에는 자연적으로 유당을 분해하는 효소가 일부 남아 있으나, 성장하면서 점차 이 유당분해효소가 사라지기 때문에 각별히 주의해야 합니다. 특히 어린 고양이의 경우 신체의

— 수유를 통해 어미의 항체를 받는 아기 고양이 —

태어난 지 얼마 안 된 아기 고양이는 어미의 초유를 섭취하며 질병과 싸워 이길 수 있는 항체를 전달받습니다. 이 항체를 '모체이행항체'라고 부르는데요. 모체이행항체는 시간이 지날수록 그 수가 점점 줄어듭니다. 아기 고양이가 성장하면서 스스로 항체를 조금씩 만들어내기 때문입니다.

모체이행항체가 줄어들고 스스로 항체를 만들어내는 이 기간에는 아기 고양이의 면역력이 가장 취약한 시기이므로 매우 주의해야 합니다. 외부 감염에 가장 신경써야 하는 시기이기도 하지요. 따라서 생후 4개월 미만의 고양이를 가족으로 들이셨다면 외출에서 돌아온 후 반드시 손을 먼저 깨끗이 닦고 고양이를 만져야 합니다. 또한 치명적인 질환에 대한 항체를 아기 고양이가 스스로 만들어낼 수 있도록, 동물병원 주치의의 안내에 따라 백신 주사를 놓아주는 것이 안전합니다.

수분함량이 80% 정도로, 성묘의 수분함량(70%)보다 많기 때문에 설사
나 구토를 연달아 하게 될 경우 건강에 치명적인 위협이 될 수 있습니
다. 따라서 어미를 잃은 아기 고양이에게 사람용 우유를 주는 행위는 될
수 있으면 지양해야 한다는 것을 꼭 명심해주세요.

● 젖을 뗀 2개월령 고양이, 일반적인 급여 방법은?

생후 2개월이 된 아기 고양이의 입에서는 유치가 조금씩 자라나기 시작
합니다. 날카로운 유치로 인해 어미 고양이는 수유할 때 아픔을 느끼게
돼 점점 수유를 거부합니다. 그래서 대부분의 아기 고양이는 2개월령이
되면 자연스레 젖을 떼게 됩니다. 젖을 뗀 후부터 아기 고양이는 어미가
먹는 음식을 탐내기 시작하는데요. 이 시기에는 '키튼용 사료'를 물에 불
려서 주시거나, 재질이 부드러운 음식을 준비해주시면 고양이의 치아
건강에 도움이 됩니다.

또한 아기 고양이가 처음 맛보는 음식에 거부감을 느끼게 해선 안 되
겠지요? 일반적으로 음식의 온도는 고양이의 기호성에 영향을 주는 요
소로 알려져 있습니다. 따라서 차가운 음식을 그대로 주지 말고 고양이
의 체온과 비슷한 36~39℃로 약간 데워서 급여해야, 아기 고양이가 음
식을 더 맛있게 먹을 수 있습니다.

폭풍 성장을 위한 준비 (4개월~1세 미만)

● 키튼 사료는 얼마나 주는 게 좋을까?

'키튼' 시기의 고양이는, 아기에서 어린이로 성장한 고양이 정도로 보시면 될 듯합니다. 이 시기의 고양이에게는 '키튼용'이라고 적힌 사료를 급여하면 되는데요. 일반적으로 키튼용 사료의 칼로리는 4,000kcal/kg 정도이며 성묘용 사료보다 칼로리가 높은 편입니다. 성장 속도가 빠른 시기인 만큼, 몸에 필요한 칼로리가 높기 때문이지요.

일회용 종이컵에 키튼용 사료를 가득 담으면 80~90g의 무게가 나갑니다. 하루 급여량은 그 이상을 넘지 않도록 하는 것이 좋습니다. 물론 일일 권장 급여량은 고양이의 나이(개월 수)와 사료 업체마다 조금씩 차이가 있을 수밖에 없는데요. 따라서 사료 포장지 뒷면에 적힌 '급여량표'를 참고하는 것이, 내 고양이에게 적정한 양의 사료를 급여하는 가장 좋은 방법이 될 수 있습니다.

● '폭풍 성장'을 위한 맞춤형 키튼 사료

고양이는 생후 4~6개월 동안 하루가 다르게 성장합니다(10kg 미만의 성묘 기준, 대형묘의 경우 2년 이상까지도 성장). 그야말로 '폭풍 성장'하는 시기이지요. 이 시기, 아기 고양이에게 필요한 영양소들 중의 하나는 바로 뼈 성장에 도움을 주는 칼슘Ca과 인P인데요. 이렇다 보니 키튼용 사료에는 성묘용 사료보다 칼슘과 인이 더 많이 함유되어 있습니다. 1년 이상의 성묘용 사료가 0.5~0.7%라면, 키튼용 사료는 그보다 높은 약 1%의 칼슘과 인을 함유하고 있습니다.

뼈와 함께 고양이의 근육도 잘 성장해야겠지요? 근육이 발달하기 위해서는 단백질을 충분히 섭취해야 합니다. FEDIAF 기준(2020년)에 따르면, 14주 이상의 고양이에게 필요한 단백질의 최소 함량은 25~30%인데요. 이는 곧 한 끼 식사에 최소 25%의 단백질을 섭취해야 한다는 것을 의미합니다. 물론 시중에 판매되는 대부분의 키튼용 사료는 단백질을 40% 가까이 함유하고 있으니, 적절한 양만 급여해주신다면 크게 걱정하실 것은 없습니다.

● 전 연령 사료, 근거는요?

"'전 연령 사료'를 샀는데, 아기 고양이에게 급여해도 될까요?" 가끔 이런 질문을 받을 때마다 의아한 생각이 듭니다. 영양학자인 저로서는 '한 식단(포뮬러)으로 모든 연령의 고양이의 영양을 챙기는 것이 과연 가능한 일인지?'라는 의문이 들 수밖에 없기 때문입니다.

어린 나이의 고양이와, 어느 정도 성장을 한 성묘에게 필요한 단백질·지방·칼슘·인 등의 함량은 모두 다릅니다. 특히 성장기 어린 고양이의 경우 한 번에 많은 양을 먹지 못하기 때문에 칼로리가 비교적 높은 사료를 먹이는 것이 가장 적절한 급여 방법이지요. 그런데 전 연령 사료의 영양 성분과 그 함량을 자세히 살펴보면, FEDIAF(2020년 기준)에서 제시하는 단백질·칼슘·인의 최소요구량을 충족하지 못한 경우가 간혹 발견되기도 합니다. 이는 한창 성장해야 할 어린 고양이에게 영양소가 결핍된, 불완전한 식단을 급여할 위험이 있다는 의미입니다. 반대로 칼로리가 높은 사료를 성묘에게 급여하면 성묘의 건강에 악영향을 끼칠 수 있습니다.

결국 고양이의 성장 단계에 따라 적절한 식단으로 짜인 사료를 선택하는 것이 내 고양이를 지키는 가장 안전한 급여법이라는 결론이 나옵니다. 어린 나이의 고양이에게는 키튼용 먹거리를, 다 자란 고양이에게는 성묘용 먹거리를 주시는 것이 가장 자연스럽고 바람직한 방법입니다. 성장 단계별로 필요한 영양소는 뒤의 챕터에서 더 자세히 설명해드릴 테니 참고해주세요.

어른 고양이를 위한 맞춤형 밥상

튼튼한 성묘가 되기 위한 준비(1세~3세 미만)

● 어덜트 사료, 어떻게 주는 게 좋을까?

앞서 키튼용 사료는 단백질이 많이 함유되어 있는 편이라고 말씀드렸습니다. 그러나 빠른 성장이 중요하지 않은 시기부터는 단백질함량이 지나치게 많은 음식은 조심하는 것이 좋습니다. 단백질이 45% 이상 함유된 먹거리를 자주 섭취할 경우 고양이가 설사를 할 수 있기 때문이지요. 따라서 생후 1년이 지나면 단백질함량이 적당한(27~35%) '어덜트용 사료'로 서서히 바꿔주시길 권합니다. 이때 고양이의 몸이 바뀐 사료를 잘 받아들일 수 있도록 1주 이상의 시간을 두고 기존 사료와 조금씩 섞어 교체해주시는 것이 좋습니다. 물론 샘플 테스트를 거쳐 분변에 문제가 없음을 확인하셨다면, 고단백 식품을 조금 급여해주셔도 고양이 건강에 큰 무리가 가지는 않습니다.

일반적인 체구의 고양이(대형묘 제외, 체중 3~10kg)를 기준으로, 일반 어덜트용 사료의 적정 급여량은 하루당 40~60g입니다. 종이컵에 가득 담긴 어덜트용 사료의 무게가 70~75g임을 고려하면, 종이컵에 담긴 사료를 조금 덜어낸 뒤 적당한 양으로 나눠서 여러 번 챙겨주는 것이 가장 좋은 방법이겠지요.

● 어릴 때의 식습관이 뚱냥이를 예방한다!

이전 챕터에서 "고양이에게는 조금씩 여러 번에 걸쳐 먹는 습성이 있다" 라고 말씀드린 적 있었지요? 그렇다고 해서 어릴 때부터 완전히 자율 급식(한 번에 먹거리를 가득 채우고, 고양이가 알아서 조절해 먹도록 하는 급여 방식)을 하게 되면, 여러분의 아기 고양이는 이른바 '뚱냥이'가 되는 지름길을 걷게 될지도 모릅니다. 입이 짧아 적당한 양을 먹어주면 다행이지만 성묘가 되기 전에는 포만감을 다소 늦게 느끼는 경우도 있기 때문이지요. 따라서 어릴 때부터 하루에 정해진 양만큼만 먹는 식습관을 길러주는 것이, 비만을 예방하는 가장 좋은 방법이 될 수 있음을 기억하셨으면 합니다.

특히 집사와 함께 생활하는 고양이는 대부분 1세 전후로 중성화 수술을 받곤 하는데요. 중성화 수술 후 3개월 동안은 각별히 주의하여 급여하시기 바랍니다. 통계 자료에 따르면, 중성화 이후 3개월간 식사량을 잘 조절하지 못하면 비만 고양이 체질로 바뀔 확률이 커진다고 합니다.

고양이는 사람에 비해 아주 작은 동물입니다. 손가락 하나 정도의 작은 간식이, 어린 고양이에게는 20배 이상의 식사량이 될 수 있다는 사실을 꼭 명심해주세요.

프라임·청년기 Prime(3세~6세 미만)

● 완전한 성묘 시기엔 비만과 치아 관리가 필수

완전한 성묘 시기에 가장 주의해야 할 질환은 바로 비만입니다. 이 시기에 비만을 잘 예방하면 고양이의 기대수명이 2배 이상 늘어날 수 있다는 사실을 알고 계셨나요? 비만을 예방할 수 있는 가장 좋은 방법은 간단합니다. 보호자께서 고양이의 체중에 따른 적당한 급여량을 알고서, 딱 그만큼만 먹거리를 급여해주는 것이지요. 적당한 급여량을 넘긴 간식은 고양이의 비만을 유발하는 원인이 됩니다. 따라서 사료와 간식거리를 구매한 영수증을 주기적으로 확인하면서 정량 외에 고양이에게 따로 챙겨준 간식은 얼마나 되는지 살펴보는 것이 좋습니다. 살 찐 고양이의 체중을 줄이기란 정말 어려운 일이라는 것을 꼭 잊지 않으셨으면 합니다.

또한 고양이에게 치아는 매우 중요한 기관입니다. 성묘 시기를 지나 노령묘 시기에 접어들면 치아의 유무가 고양이가 살아가는 데 큰 영향을 끼치기 때문에, 미리 치아 건강을 관리해주는 것이 중요합니다.

고양이의 경우 치석이 입의 안쪽부터 생기기 때문에 보호자가 쉽게 눈치 채지 못하는 경우가 많습니다. 따라서 동물병원에서 건강검진을 받을 때 치아 상태를 반드시 점검하고, 스케일링이 필요하다고 판단되면 치석을 주기적으로 제거해주는 것이 좋습니다.

참고로 양치하는 습관은 고양이가 어릴 때 들이는 것이 가장 좋습니다. 양치에 대해 거부감을 느끼지 않도록, 신나게 놀아준 뒤에 양치를 시켜주세요. 양치를 한 후 간식을 급여하는 것도 스트레스를 줄일 수 있는 좋은 방법이 됩니다. 물론 비만을 예방하기 위해 간식 제공은 최소화하는 것이 좋으므로, 가급적 '이빨(덴탈) 과자'류의 간식을 구매해 소량을 급여하시길 권합니다. 몸에 좋다는 수많은 영양제보다도 올바르게 관리한 치아가 고양이의 건강한 노령생활에 큰 도움이 될 수 있다는 사실을 반드시 명심해주세요!

– 며칠째 그대로 놓여 있는 그릇…. 혹시 씻어주셨나요?

고양이는 여러 번 사료를 나누어서 먹습니다. 그렇다보니 고양이가 남긴 사료 위에 새 사료를 추가해주는 경우가 잦은데요. 오랜 시간 밑에 깔린 사료가 방치되면 그 성분이 변질될 위험이 있어 주의해야 합니다. 사료 겉에 코팅된 지방이 오랜 기간 실온에 노출되면 산패되어 고양이의 건강을 해칠 수 있기 때문입니다.

우리 눈에 보이지는 않지만 공기 중에는 많은 곰팡이 포자와 세균들이 존재합니다. 사료가 물이나 침에 닿아서 촉촉해지면 곰팡이와 세균은 급속도로 번식하기 시작해 식중독의 원인이 되기도 합니다. 따라서 고양이의 사료 그릇과 물 그릇은 매번 깨끗하게 씻어서 두는 것이 위생상 가장 안전합니다. 하루에 한 번 이상 물 그릇을 갈아주면서 음수량도 함께 확인하면 더욱 좋습니다. 성묘를 기준으로 고양이의 하루 평균 적정 음수량은 50ml/kg라는 사실을 잊지 않으셨지요?

중년기와 노령기 Mature & Senior(6세~15세 미만)

● 노화가 시작된 고양이를 위한 급여방법

최근 10년 사이에 반려동물 헬스 케어에 대한 시민들의 관심이 높아진 덕분에, 어디서든 6년 이상 된 고양이를 쉽게 만날 수 있게 됐습니다. 이 시기의 고양이는 이제 '노년기'가 아닌 '중장년기' 고양이라고 부르는 것이 적합하겠지요. 사람으로 치면 중년에 접어든 이들 고양이에게는 더 이상 성장이 필요하지 않습니다. 따라서 적당한 단백질함량(28~33%)과 지방함량(12~16%)을 갖춘 사료를 급여하는 것이 가장 좋습니다.

이 시기부터 노령기 고양이가 될 때까지 고양이에게는 비만, 비뇨기계 질환 등 여러 가지 건강 문제가 발생할 수 있습니다. 따라서 식단을 고양이 건강 상태에 맞게 관리해야겠지요. 만일 배가 축 처진 상태의 과체중 고양이라면 지방함량이 낮은 '라이트 계열'의 사료를 급여하길 권장합니다. 또한 비뇨기계 질환이 의심되기 시작했다면 건사료와 습식 사료를 함께 섞어 주는 것도 질환 예방에 도움이 됩니다.

● 노화 방지를 위한 영양 케어법

고양이도 사람처럼 나이가 들면 자연스레 관절 질환이 생기기 때문에 중년기 고양이부터는 각별히 주의해야 합니다. 발병을 예방하기 위해서는 관절 케어 기능이 있는 사료나 영양제를 챙겨주시는 것이 좋은데요. 무엇보다도 가정 내에서 낙상 사고 등이 발생하지 않도록 보호자께서 주변 환경을 잘 조성해주시는 것이 중요합니다.

또한 점차 노화가 시작되면서 면역력이 전보다 약해지기도 합니다. 이럴 때에는 항산화제가 함유되어 있는 먹거리를 주식과 함께 급여하는 것이 좋습니다. 항산화제는 기본적으로 신장이나 간, 심장 등의 기능을 보조하는 역할을 하기 때문이지요. 따라서 항산화제가 함유된 고양이용 종합 비타민제나 사료를 챙겨주면 면역력을 강화하는 데 어느 정도 도움이 될 수 있습니다. 하지만 무작정 영양제부터 급여하는 것보다, 가까운 동물병원을 찾아 정확한 검사를 받은 후 영양제 구매를 상담해보시기 바랍니다.

참고로 주치의와의 상담을 통해 '항체가 검사'를 받게 되면, 고양이가 특별히 어떤 질환에 취약한지(항체가 부족한지) 파악할 수 있습니다. 검사를 받은 후 예방접종 등의 처치 과정을 거치면 해당 질환을 이겨낼 수 있는 항체의 수를 어느 정도 유지할 수 있습니다. 다시 한 번 말씀드리지만, 영양제는 보조 수단일 뿐입니다. 내 고양이에게 알맞은 영양 케어법을 찾기 위해서는 더욱 정확한 진단과 처방이 선행되어야 한다는 점을 꼭 기억해주세요!

● 치아 건강과 음수량 관리

치아 건강을 지키고 적당한 음수량을 유지하는 것은, 6세 이상의 고양이에게 무엇보다도 중요한 영양 관리법입니다. 치아 관리는 앞서 성묘 단계에서 말씀드린 것과 동일합니다. 건강한 치아로 몸에 좋은 먹거리를 잘 섭취할 수 있도록, 꾸준히 양치질을 시키면서 입 속을 청결하게 유지시켜야 합니다.

또한 나이가 들면서 음수량이 현저히 줄어드는 경우가 생기는데요. 이는 '결석'과 같은 질병의 발병률을 높일 수 있기 때문에 반드시 주의해야 합니다. 보호자께서 물 그릇을 닦거나 교체할 때마다 고양이의 음수량이 줄어들지는 않았는지 수시로 확인하시는 것이 좋습니다. 고양이의 음수량이 줄어든 것 같다면, 맑은 물이 흐르는 분수 형태의 물 급여기를 놓아주거나 물 그릇의 개수를 늘려 집안 곳곳에 배치해주시기 바랍니다.

결석은 고양이가 배변 활동을 할 때 매우 큰 고통을 느끼는 질병으로 알려져 있습니다. 그러나 다행히 평소의 생활습관에 조금만 더 주의한다면 충분히 예방할 수 있는 질환이기도 합니다. 생활하는 과정에서 꾸준하게 관리하여 사랑스러운 고양이의 건강을 지켜주세요. 중장년기와 노령기 고양이의 건강 관리, 자세히 살펴보면 거창한 것이 아니랍니다.

노령 요양기 Super Senior(15세 이상)

● 고령묘의 식단 관리에는 정답이 없다?

비만, 치아질환, 음수량 문제, 신장질환의 경우 평소에 먹는 식단을 조절함으로써 어느 정도 공통적으로 예방할 수 있습니다. 나이 든 고양이는 대체적으로 근육이 쉽게 소실될 수 있기 때문에 단백질함량이 너무 적은 사료는 피하는 것이 좋으며, 비만을 앓고 있는 고양이라면 지방이 많이 함유되어 있는 사료 역시 피하는 것이 좋습니다. 또한 신장 기능이 떨어지는 경우 칼슘과 인의 비율을 조절한 '시니어 전용 사료'를 급여하면서 주기적인 검진을 통해 상태를 지켜보는 것이 하나의 방법이 될 수 있습니다.

그러나 이는 어디까지나 기본적인 권고 사항일 뿐입니다. 고령묘는 건강 상태에 따라 급여 방법이 모두 다르기 때문이지요. 근육이 소실된 경우, 비만의 정도가 심할 경우, 특정한 질환을 앓고 있는 경우에 따라서 급여해야 할 먹거리와 적정량의 정도가 제각각일 수밖에 없습니다. 특히 고령묘의 경우엔 가장 먼저 건강 상태를 정확하게 파악해야 합니다. 건강검진을 통해 특별히 취약한 곳이 어디인가를 파악하고, 그에 맞는 처치법을 빠르게 실행하는 것이 무엇보다도 중요하다는 점을 꼭 기억해 주셨으면 합니다.

● 치아와 면역력이 약해진 고양이를 위한 급여법

노화가 진행되면 될수록, 발치된 치아의 수는 점점 늘어나기 마련입니다. 이 시기부터는 발치된 정도와 염증 정도에 따라 먹거리의 무르기를 조절해주셔야 하는데요. 치아가 흔들리거나 구내 염증이 심한 경우에는 고양이가 딱딱한 건사료를 섭취하기가 부담스러울 수 있습니다. 이때에는 별도의 치아 관리와 함께 사료를 물에 불려 부드러운 상태로 만들어 급여하는 것이 도움이 됩니다.

고양이가 물을 잘 먹지 않아 음수량이 매우 적은 경우에는, 습식 캔

(반드시 주식용 캔으로)을 급여하면서 수분 공급도 함께 챙겨주는 것이 좋습니다. 물론 고령묘의 상태에 따라 건사료와 습식 캔을 섞어 급여하는 방법도 고려해볼 수 있습니다.

또한, 앞서 중년기에서 노령기에 접어든 고양이에게는 항산화제가 포함된 종합 비타민제를 보조 수단으로 챙겨주는 것이 좋다고 말씀드렸는데요. 시니어에서 고령묘 시기가 되기 직전(10세 이상)부터는 거의 매일 주식과 함께 항산화제가 들어 있는 영양제를 급여하는 것이 좋습니다. 물론 노령묘용 사료에도 항산화제 성분이 함유되어 있습니다만, 사료의 성분은 나이 든 고양이의 체내에서 완전히 흡수되긴 어렵습니다. 따라서 영양제를 더 급여함으로써 고령묘의 떨어진 면역력을 유지·상승시키는 데 도움을 주는 것이지요.

● 고령묘의 식단을 조절할 때 주의할 점

고령묘의 1년은 사람의 4~6년과 비슷합니다. 중년~노령기에 비해 노화가 급속도로 진행돼, 몸 상태가 월 단위로 빠르게 바뀔 수 있어 각별하게 주의해야 할 시기입니다. 따라서 고령묘의 경우 1년에 2회 이상 건강검진을 받으며 주기적으로 건강 상태를 확인하고, 다음과 같은 유의사항을 꼭 준수하는 것이 중요합니다.

첫째, 이전보다 밥을 잘 먹지 않는다고 입맛에 맞는 먹거리 위주로 챙겨주시는 것은 가급적 삼가시는 게 좋습니다. "키우던 고양이의 신장 기능이 급속도로 퇴화해 신부전 처방식을 처방받았는데 정작 고양이는 처방식을 먹지 않으려 한다"라며 고충을 토로하시는 보호자를 만난 적이 있었는데요. 이처럼 고양이가 자극적인 간식에 입맛이 길들여진 상태라면 필요한 때에 처방식 섭취를 하지 않으려 할 수 있어, 식습관을 미리 관리해줄 필요가 있습니다.

둘째, 평소에 생식을 급여하던 경우에는 전문가와의 상담을 통해 현재의 식단이 고령묘에게 적합한지 세심하게 살펴야 합니다. 특히 칼슘과 인의 비율이 적당한지, 아닌지는 반드시 확인해야 할 사항인데요. 가령 신장 기능이 약한 고령묘에게 인이 많이 함유되어 있는 고기 위주의 식단을 오랫동안 급여했을 경우, 고양이 건강에 치명적인 결과를 초래할 수 있습니다. 일반 가정에서는 이들 영양소의 비율을 제대로 맞추기 어렵기 때문에, 생식을 급여하기 전에 반드시 전문가의 도움을 구하시길 권합니다.

셋째, 꼭 필요한 처방식이 아니라면 가급적 기존에 먹던 것을 유지해주는 것이 안전합니다. 혹시 '네오포빅Neophobic'이란 말을 들어보셨나요? 이것은 새로운 것을 받아들이길 거부한다는 의미인데, 고령묘의 몸이 대체적으로 그런 편입니다. 따라서 식단을 바꿔줄 때에는 매우 신중해야 합니다. 고양이에 따라 새로운 먹거리에 대한 부작용이 심하게 나타날 수도 있기 때문이지요. 건강검진 결과 큰 문제가 없다면, 이전부터 급여하던 사료에 별 문제가 없다면, 식단은 가급적 교체하지 않는 것이 좋습니다.

세미나를 진행하다 보면 많은 분께서 '노령, 고령 고양이의 식단 관리법'에 관해 질문하시곤 하는데요. 나이 든 고양이의 건강은 한 가지 포뮬러로 모두 충족할 순 없습니다. 저마다의 사례에 따라 최적의 솔루션을 처방해 빠르게 적용하는 것이 중요합니다.

안타깝게도 20년 이상 살아가는 고양이는 현실적으로 드문 편입니다. 이 시기에 고양이의 몸은 너무나도 예민해서 약간의 구토나 설사만으로도 건강에 치명적인 위협이 될 수 있기 때문입니다. 따라서 노묘 시기에는 고양이에 대한 보호자의 관심과 보살핌이 어느 때보다도 중요합니다. 사랑하는 고양이와 건강한 모습으로 오랫동안 함께할 수 있도록, 반려묘의 건강 관리와 환경 관리에 모두 신경 써주셨으면 좋겠습니다.

집사들은 이런 게 궁금해! ⑦
노묘의 눈과 관절은 어떻게 관리해야 좋을까요?

👤 2

집사K

제 고양이들도 언젠간 나이가 들 텐데, 아직 노묘를 키워본 적이 없어서 걱정돼요. 특히나 눈 건강은 어떻게 관리해 줘야 할지 모르겠어요…. 고양이의 눈 건강에 도움이 될 만한 영양제나 처방식이 있는지 궁금해요.

루테인, 지아잔틴 등의 성분은 고양이의 눈 건강에 도움을 주는 대표적인 항산화 물질입니다. 가격이 조금 비싼 편이긴 하지만 영양제로도 판매되고 있어요. 한번 눈이 나빠지고 난 후에 영양제를 주기 시작하는 것보단, 노령묘가 되기 직전 단계에서부터 미리 챙겨주시는 것이 효과가 좋습니다. 많이 걱정되신다면, 위의 두 성분이 많이 보강된 노령묘 전용사료를 처방받아 급여하는 것도 고양이의 눈 건강을 지키는 하나의 방법이 될 수 있습니다.

우재쌤

집사K

그렇군요. 나이가 들면 뼈도 많이 약해질 텐데, 고양이의 관절 건강을 미리 지키기 위해서 제가 할 수 있는 일들은 무엇이 있을까요?

제일 좋은 방법은 고양이가 일반 체형을 유지할 수 있도록 평소에 고양이가 섭취하는 칼로리를 적정량으로 조절해 주는 것입니다. 이 밖에 상어연골, 녹색입홍합, 글루코사민, 콘드로이틴 등의 성분이 들어간 관절 영양제를 챙겨주시는 방법도 있습니다.

우재쌤

집사K

미리 잘 알고 있어야겠네요. 아 참, 병원에서 스케일링을 받거나 처치를 받게 될 때 보통 마취를 하잖아요? 그런데 나이가 많은 고양이일수록 마취에서 깨어나기 힘들 수 있다고 많이들 걱정하시더라고요. 노묘에게 진정제나 마취제를 놓아도 괜찮은 걸까요?

건강한 성묘에 비하면 회복력이 더딘 것이 사실이에요. 그러나 노묘에게 진정제나 마취제를 놓는 것 자체가 무조건 위험하기만 한 것은 아닙니다. 대부분의 수의사들은 사전에 혈액 검사를 진행해 고양이에게 마취 주사를 놓아도 괜찮을지 꼼꼼히 살펴보기 때문이지요. 만약 마취가 부담이 될 것 같다면 고양이가 견딜 수 있을 최소량의 마취제만 놓거나, 위급 상황이 발생할 시 바로 응급조치를 할 수 있도록 미리 모든 것을 준비해놓고 시술을 시작하므로 크게 걱정하지 않으셔도 됩니다.

우재쌤

집사K

최대한 문제가 발생하지 않도록 하려면, 평소에 노묘의 건강을 잘 관리해줘야겠군요? 이 밖에 제가 주의해야 할 사항이나 미리 신경 써야 할 점은 없을까요?

노묘에게 적합한 영양소로 짜인 사료를 주식으로 급여하고 항산화 성분이 함유된 영양제를 함께 챙겨주시면 고양이의 면역력을 유지하는 데 큰 도움이 되겠죠? 또한 고양이의 건강 상태를 주치의가 잘 인지할 수 있도록 정기적으로 병원을 내원해 검진을 받아보는 일은 필수입니다.

우재쌤

임신·출산한 고양이의 영양 관리

임신한 고양이에게는 어떤 먹거리를 챙겨줘야 좋을까?

임신한 고양이의 경우 개와 달리 임신 초기부터 평소보다 많은 칼로리가 필요합니다. 출산 후 수유할 때를 대비하여 미리 몸에 지방을 축적하는 일을 시작하기 때문입니다. 또한 이 시기에 고양이가 사냥 혹은 급여를 통해 섭취한 단백질은 대부분 지방 형태로 몸에 저장됩니다. 필요할 때 빠르게 에너지원으로 쓸 수 있도록 가장 효율적인 형태로 저장되는 것입니다.

이렇다 보니 고양이는 임신 초기부터 체중이 불기 시작해 분만 직전에는 평소 체중의 약 40%까지 늘어납니다. 같은 조건에서 개의 체중이 약 20% 증가하는 것과 비교하면, 몸무게가 꽤 많이 늘어나는 셈이지요.

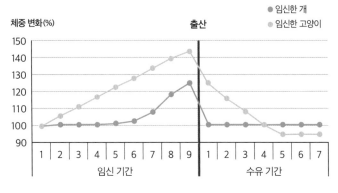

번식 기간 내 어미 고양이·개의 체중 변화

이처럼 생명을 품고 출산하는 데에는 많은 칼로리가 필요하기 때문에 임신 초기부터 분만, 그리고 수유가 끝날 때까지 어미 고양이의 몸에 영양소가 부족하지 않도록 보호자께서 잘 챙겨주셔야 합니다. 하지만 그렇다고 해서 너무 많은 양의 먹거리를 먹여선 안 됩니다. 고양이 건강에 문제가 발생할 수 있으므로 적정한 양의 고열량(고단백, 고지방) 먹거리를 급여해주는 것이 가장 좋은 방법이지요. 즉 시중에서 판매되는 키튼용 사료를 급여하는 것이 산모 고양이를 안전하게 지키는 가장 편리한 방법이 될 수 있습니다.

또한 임신한 고양이에게 수분이 많이 함유되어 있는 먹거리를 장기간 급여하지 않도록 주의해야 합니다. 파우치형 간식이나 주식캔에는 건조 사료보다 훨씬 많은 함량의 수분(70% 이상)이 함유되어 있는데요. 이들 먹거리는 많은 칼로리를 축적하는 일을 방해할 수 있습니다. 따라서 임신한 고양이에게는 건조 음식 위주로 급여하고, 습식 먹거리는 곁들이는 정도만 주는 것이 가장 바람직합니다.

아기를 낳은 엄마 고양이에게 북엇국을 끓여줘도 될까?

산모 고양이를 위한 최적의 급여법

임신했을 때와 동일하게 키튼용 사료로 쭉 급여하시면 됩니다. 생각보다 간단하지요? 또한 출산 후는 유일하게 자율 급식이 허용되는 시기이기도 합니다. 여러 마리를 출산한 어미 고양이의 몸에는 '프로락틴Prolactin'이라는 호르몬이 활발히 분비되는데요. 이 호르몬 작용으로 인해, 이전처럼 철저히 급여량을 제한하지 않아도 어미 고양이가 스스로 필요한 양만큼의 식사를 할 수 있게 됩니다.

평소의 급여량을 고려하여 기존에 먹이던 건사료의 양을 너무 제한하게 되면, 어미 고양이의 몸에 필요한 칼로리와 수유 시 소비되는 칼로리를 충족할 수 없게 됩니다. 몸속 칼로리의 균형이 깨지면서 심한 경우 칼슘 부족으로 인한 산욕 마비(움직이지 못하고 뒷다리부터 마비가 오는 현상)를 일으킬 수도 있습니다. 따라서 산후 고양이가 각자 필요한 칼로리를 마음껏 섭취할 수 있도록 사료를 넉넉하게 제공해주는 것이 가장 바람직한 케어 방법입니다.

고생한 고양이에게 북엇국을 먹여도 될까?

북어에는 '아르기닌Arginine'이라는 필수아미노산 성분이 매우 많이 함유되어 있습니다. 따라서 출산한 고양이의 건강 회복을 위해 1~2회 북엇국을 먹이는 것은 도움이 될 수 있지만, 장기간에 걸쳐 여러 차례 급여하는 것은 다음과 같은 이유로 권장하지 않습니다.

첫째, 앞서 출산 과정에서 소비한 칼로리를 채우기 위해 출산 전후의 고양이는 밀도가 높은 고열량 음식을 섭취하는 것이 좋다고 말씀드렸습니다. 그러나 수분이 매우 많이 함유되어 있는 국물류의 먹거리는 고양이에게 포만감을 빨리 느끼게 해, 체내에 필요한 칼로리를 충분히 섭취하지 못하도록 방해할 수 있습니다. 고양이가 하루에 먹을 수 있는 양은 한정되어 있기 때문이지요.

둘째, 물론 보호자에 따라 레시피가 상이하므로 일반화할 수는 없겠지만, 나트륨 함량과 칼슘·인의 함량을 제대로 조절하지 못한 북엇국은 산모 고양이의 건강에 악영향을 끼칠 수 있습니다. 특히 4마리 이상의 고양이를 출산한 어미라면, 무엇보다도 칼슘을 보충해야 하기 때문에 더욱 주의해야 합니다. 따라서 시중에 판매되는 고양이용 식품을 먹이는 것이 아니라 직접 재료를 사다 북엇국을 끓여서 먹일 계획이라면 가급적 장기 급여는 피하시는 것이 좋습니다.

산모 고양이에겐 뜨끈한 북엇국보다 건조형 고열량 사료가 영양학적으로 훨씬 적합하다는 사실을 이제 잘 아시겠지요?

엄마가 된 고양이에게 필요한 영양소

아기를 낳느라 고생한 고양이를 위해 사료 외에 특별한 먹거리를 챙겨주고 싶다면, 차라리 오메가3지방산 혹은 엽산(Folic Acid, 비타민의 한 종류)의 성분이 함유된 영양제의 급여를 고민하시는 것이 낫습니다.

특히 '비타민 M'으로도 불리는 엽산은 적혈구를 생산하는 데 중요한 역할을 하는 성분입니다. 아기를 출산하는 과정에서 적혈구를 많이 소모한 만큼, 기왕이면 엽산 성분이 함유된 먹거리를 챙겨주시는 것이 어미 고양이의 건강을 회복하는 데 도움이 됩니다. 또한 오메가3지방산은 고양이에게 꼭 필요한 성분이지만 체내에서 스스로 생성하지 못해 외부 섭취를 해야 하는 영양소입니다. 오메가3지방산이 고양이에게 얼마나 중요한 영양소인지는 이전 챕터(47p)에서 상세히 설명해드렸으니 한 번 더 복기해보시는 것도 좋을 것 같습니다.

만일 아기를 많이 낳은 어미 고양이라면 칼슘 성분이 함유된 음식을 챙겨주는 것이 도움이 될 수 있습니다. 다만 칼슘을 너무 많이 섭취할 경우 오히려 '고칼슘혈증' 등의 문제를 일으킬 수 있으니, 반드시 수의사와 상담을 한 후 적정량을 급여해주세요.

집사들은 이런 게 궁금해! ⑧
젖먹이 아기 고양이를 구조했는데, 어떻게 해야 할까요?
👤2

집사K

> 선생님! 친구가 방금 태어난 지 얼마 되지 않은 아기 길고양이를 구조했대요. 어미 고양이는 사고를 당한 것 같다는데… 이런 경우엔 어떻게 해야 하나요?

> 일단 근처 동물 병원에 바로 데려가시는 것이 가장 안전한 방법입니다. 하지만 그러기 힘든 상황이라면, 보호자께서 시중에 판매되고 있는 고양이용 초유(또는 분유)를 구매해 직접 급여해 주셔야 합니다.
> 참고로 아기 고양이에게 우유를 먹일 때에는 동물용 젖병이나 바늘을 뺀 일회용 주사기에 담아 급여하는 것이 좋습니다. 생후 2주가 될 때까지는 반드시 3~4시간에 한 번씩, 천천히 5cc 정도의 초유를 급여해 주세요.

우재쌤

집사K

> 그렇군요. 이밖에 더 주의해야 할 것은 없을까요?

> 초유를 먹이고 난 후에는 고양이의 원활한 배변활동을 돕기 위해 자극이 적은 화장 솜 등으로 아기 고양이의 사타구니를 살살 문질러주세요.

우재쌤

집사K

> 네. 병원에 고양이들을 데려가기 전까진 체온도 잘 관리해 줘야 할 텐데. 걱정이에요. 어떻게 하면 좋을까요?

> 태어난 지 얼마 되지 않은 고양이는 스스로 체온을 조절하기 어렵습니다. 따라서 체온이 내려가지 않도록 따뜻한 환경을 마련해 주시는 것이 중요해요. 따뜻한 물을 담은 빈 병이나 따뜻하게 데운 찜질팩 등을 수건으로 감싸 고양이 곁에 놓아주는 것은, 아기 고양이의 체온을 지키는 좋은 방법이 될 수 있습니다.

우재쌤

한번 뚱냥이는 영원한 뚱냥이?
고양이 비만의 모든 것

고양이 비만은 왜 관리해야 할까?

아무리 뚱뚱해도 귀엽기만 한 고양이들…. 살이 찐 모습마저 사랑스러
운데, 대체 왜 고양이의 비만을 철저히 관리해주어야 하는 것일까요?

답은 명료합니다. 고양이의 비만은 추후 만병의 근원이 될 수 있기 때
문입니다. 비만을 앓고 있는 고양이는 그렇지 않은 고양이보다 당뇨 질
환이 더 쉽게 발병할 수 있을 뿐 아니라, 나이가 들면서 관절·심장·피
부 질환 등의 합병증을 앓게 될 가능성도 더 큽니다. 이는 고양이의 비
만을 괄시하거나 방치해서는 안 되는 이유입니다.

또한 아무리 유능한 수의사에게 관리를 맡겨도, 뜻대로 할 수 없는 것
이 바로 고양이의 비만 케어입니다. 개의 비만은 '처방식, 산책과 달리기
등의 유산소 운동, 간식 급여 중지' 이 세 가지 케어법으로 효과를 볼 수
있지만, 고양이의 경우 운동시키는 것이 현실적으로 어렵기 때문에 비

만 치료 효과가 개보다 미미할 수밖에 없습니다. 따라서 고양이 비만이 진행되기 이전에 미리 관리에 힘써주는 것이 내 고양이의 건강을 지키는 최선의 방어책임을 반드시 명심하셨으면 합니다.

고양이의 체형 A to Z

다양한 합병증을 유발할 수 있는 위험한 질환인 만큼 평소 내 고양이의 모습을 세심하게 관찰하면서 비만 여부를 의심해볼 필요가 있습니다.

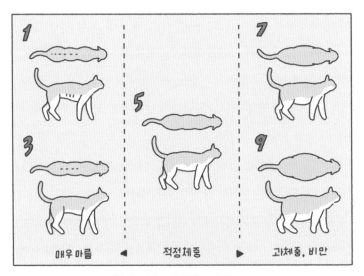

위와 옆모습으로 알아보는 고양이의 체형

위의 그림은 고양이의 체형을 위와 옆에서 살펴보면서 단계별로 비만도를 점검할 수 있는, 가장 간단한 '비만 판별법BCS, Body Condtion Score'입니다. 내 고양이의 체형은 어느 단계에 해당되는지 쉽게 확인해보실 수 있겠지요?

혹시 내 고양이도 비만? 간단히 확인하는 법

반려동물을 키우는 분이라면 "털이 쪘다"라는 말을 한 번쯤 들어보신 적 있으실 겁니다. 대부분의 고양이는 풍성한 털에 몸매가 가려져 있어 비만도를 한눈에 알아보기 어렵습니다. 이 때문에 고양이에게 비만이 진행되고 있어도 "내 고양이는 털이 풍성해서 그렇지 약간 통통한 편일 뿐"이라고 착각하기 쉽습니다. 앞서 체형 실루엣으로 고양이의 비만도를 간단히 확인하는 방법을 알려드렸는데요. 단순히 실루엣만으로는 내 고양이의 비만 정도를 제대로 파악하기 어렵기 때문에, 이번엔 직접 고양이의 척추를 만져서 비만 정도를 점검할 수 있는 방법을 알려드리겠습니다.

방법은 굉장히 간단합니다. 고양이의 엉덩이 위에서부터 목까지 이어진 척추를 세심하게 만져보시면 되는데요. 힘을 주어야만 척추 뼈와 갈비뼈가 쉽게 만져진다면 정상 체형, 힘을 주었을 때 척추 뼈와 갈비뼈가 희미하게 만져진다면 과체중, 힘을 주어 쓰다듬어도 척추의 라인을 찾기 어렵거나 갈비뼈가 만져지지 않는다면 비만(고도비만) 단계라고 보시면 됩니다. 집에서도 쉽게 확인할 수 있는 방법이지요?

하지만 위에서 알려드린 방법은 어디까지나 간단하게 확인하는 방법일 뿐입니다. 비만은 질환입니다. 고양이의 비만도를 제대로 측정하기 위해서는 체형과 요추 라인 외에 여러 가지 요소를 종합적으로 고려해야 하지요. 9번째 갈비뼈와 머리뼈 근육을 만져보고, 요추를 만져보고, 체중과 실루엣을 비교해봐야 고양이의 비만도를 비로소 정확하게 진단할 수 있습니다.

따라서 평소에는 앞서 알려드린 방법으로 고양이의 상태를 자주 확인하시다가, 비만이 의심된다면 망설이지 마시고 동물병원 주치의를 찾아주세요. 비만은 여러 가지 건강 문제를 초래할 수 있는, 위험한 질환임을 절대 잊어서는 안 됩니다.

내 고양이의 하루 권장 칼로리 섭취량은?

음식의 지나친 섭취가 비만의 원인이 될 수 있다는 사실은 대부분 알고 계실 텐데요. 고양이의 과식 위험을 줄일 수 있도록 이번에는 보호자께서 미리 알고 계시면 좋을 '일일 칼로리 권장량DER, Daily Energy Requirement' 계산법을 알려드릴까 합니다. 알려드릴 계산법은 단순하지 않으니 시작하기 전에 공학계산기를 준비해주시고, 고양이의 몸무게를 잘 측정한 뒤 아래 가이드에 따라 천천히 계산해주세요.

고양이의 일일 칼로리 권장량DER을 계산하기 위해서는 먼저 '휴지기 칼로리 요구량RER, Resting Energy Requirement'을 구해야 합니다. 휴지기 칼로리 요구량RER이란 고양이가 쉬고 있는 동안에도 자연적으로 소모되는 기본 칼로리의 양을 의미합니다. 휴지기 칼로리 요구량을 구하는 방법은 아래와 같습니다.

휴지기 칼로리 요구량(RER)을 구하는 방법

$$52 \times 고양이\ 체중(kg)^{0.67} = RER(kcal)$$

내 고양이의 휴지기 칼로리 요구량RER을 계산해 보셨나요? 구하신 값에 0.8~3.0을 곱해주면 실내에서 생활하는 고양이의 일일 칼로리 권장량DER이 나옵니다. 곱해야 하는 수치는 반려묘의 상태에 따라 조금씩 차이가 있으니, 계산을 하기 전에 아래 표를 참고해 내 고양이는 어디에 해당되는지 확인해보세요.

고양이의 상태	DER 계산법
생후 12주 이하의 아기 고양이 (어미의 젖을 먹는 시기)	3.0 X RER
4개월~7개월 미만의 고양이	
7개월~1세 미만의 고양이	2.0 X RER
1세 이상, 중성화되지 않은 고양이	1.4 X RER
1세 이상, 중성화된 고양이	1.2 X RER
1세 이상, 활동량이 많은 고양이	1.6 X RER
1세 이상, 비만 고양이	0.8 X RER

고양이 상태별 DER 계산법

하루에 필요한 칼로리 권장량DER을 구하셨다면, 이번엔 그에 맞게 사료 급여량을 확인해볼 차례입니다. 일반적으로 고양이 사료(성묘용 기준)에는 kg당 3,500~3,800kcal/kg의 칼로리가 들어 있는데요. 3,500kcal/kg짜리 사료를 1g씩 급여할 경우 고양이는 3.5kcal/g의 칼로리를 섭취하게 됩니다. 이 방식과 동일하게, 현재 급여하고 있는 사료에는 g당 어느 정도의 칼로리가 들어 있는지 확인해보세요. kg당 칼로리는 사료 포장지의 뒷면을 참고하시면 됩니다. 그 후 일일 칼로리 권장량DER과 비교하여 내 고양이에게 적합한 사료 급여량은 어느 정도일지 역으로 계산해보면 되겠지요?

그러나 아무리 꼼꼼하게 칼로리를 계산해 정량의 사료를 급여해도 주식 이외의 간식을 반복해서 주게 되면 아무 소용이 없습니다. 성묘에게 키튼용 사료를 무분별하게 급여하지만 않는다면, 사료를 너무 많이 먹여서 비만이 생기는 경우는 매우 드뭅니다. 고양이 비만의 주된 원인은 바로 주식 외 먹거리로부터 섭취하는 '잉여 칼로리'에 있다는 점, 반드시 명심하시기 바랍니다.

운동을 싫어하는 뚱냥이의 경우

비만 처방식을 연구하는 사람이라면 한 번쯤은 고민하게 되는 문제입니다. 먹거리에 함유된 칼로리를 줄이는 일은 그리 어렵지 않지만, 움직이기 싫어하는 고양이를 사람 뜻대로 운동시키기란 결코 쉬운 일이 아니기 때문이지요.

일반적으로 체내의 지방은 유산소 운동을 일정 시간 이상 지속해야 서서히 소모됩니다. 고양이의 경우도 마찬가지입니다. 고양이가 스스로 하루에 여러 번 '캣휠'을 돌리거나 10분 이상 보호자가 장난감으로 점프를 유도하며 놀아주어야 고양이 몸속의 지방이 소모될 수 있습니다. 하지만 비만이 이미 꽤 많이 진행된 이른바 '뚱냥이'의 경우, 몸을 열심히 움직이는 일에 대체로 흥미를 느끼지 못할 것입니다. 가뜩이나 움직이는 일에 관심이 없는데 인형이나 낚싯대 장난감에 반응할 리는 더욱 만무하겠지요? 이렇다 보니 비만 고양이를 병원에 데려온 보호자들은 아래와 같은 질문을 자주 하시곤 합니다.

"선생님, 사료만으로도 다이어트를 성공시킬 수 있을까요?"

사람에게 비만 보조제가 있는 것처럼, 고양이에게도 물론 비만용 처방식이 있긴 합니다. 시중에서 판매되는 일반 사료와 성분과 영양 배합이 다르기 때문에, 간식을 철저히 제한하고 비만 처방식만을 꾸준히 급여한다면 이전보단 고양이의 체중을 감량하는 데 성공할 순 있겠지요. 하지만 분명한 것은, 식이요법만으론 비만 고양이의 건강을 완벽히 되찾을 수는 없다는 사실입니다. 따라서 움직이는 것을 굉장히 귀찮아하는 비만 고양이를 키우고 계신다 하더라도 처방식 급여와 함께 반드시 고양이의 운동량을 조금씩 늘려주는 솔루션이 병행되어야 합니다. 지금부터 가정에서 쉽게 따라하실 수 있는 간단한 솔루션을 소개해드릴 테니, 고양이가 무리하지 않는 선에서 천천히 시도해보시면 좋을 듯합니다.

첫째는 놀이와 주식 급여를 접목하는 방법입니다. 평소처럼 주식을 먹이되 일부는 투명한 생수통이나 구멍이 뚫린 장난감 통에 담아 고양이 스스로 꺼내먹도록 유도하는 것입니다. 앞발을 사용해 먹거리가 담긴 통을 이리저리 굴리며 다닐 수 있도록, 밥을 먹는 동안 고양이가 움직임을 멈추지 않도록 풍부한 급여 환경을 마련해주시는 것이 좋습니다.

둘째는 고양이의 사냥 본능을 조금씩 자극하는 방법인데요. 평소에 고양이에게 사료를 급여하던 위치를 조금씩 바꿔 스스로 먹이를 찾아올 수 있도록 유도하는 것입니다. 고양이가 잘 따라와 준다면 티슈 속에 먹거리를 숨겨 놓고 캣 타워나 택배 상자 등 고양이가 좋아하는 장소 곳곳에 놓아두는 것도, 비만 고양이의 활동량을 늘리는 데 좋은 방법이 될 수 있습니다.

— 기존에 먹던 사료로 눈에 띄게 살이 빠졌다면, 위험 신호일까?

따로 비만용 처방식을 먹이지 않았는데도 고양이의 체중이 눈에 띄게 줄어들었다면 반드시 고양이의 상태를 주의 깊게 살펴봐야 합니다. 살이 빠진 것이 아니라 '갑상선 기능 항진증' 등 체중의 급격한 감소를 증상으로 하는 질환이 발병했을 가능성이 있기 때문입니다. 따라서 별다른 처치 없이 기존 사료만 먹였는데, 한 달 이내에 고양이의 체중이 15% 이상 감소했다면 꼭 근처 동물병원을 방문해 건강에 이상이 없는지 진단을 받으시길 바랍니다.

만일 위의 두 가지 방법이 효과가 없다면, 비만 처방식의 급여를 시작하는 것이 좋습니다.

잠깐! 간식은 얼마나 주는 것이 좋을까?

맛있는 것을 먹었을 때의 즐거움이란 이루 말할 수 없겠지요. 특히 끼니 중간에 꺼내 먹는 간식은 사람과 동물 모두에게 작은 활력소(?)가 되어 주기도 합니다. 그러나 매 순간 기억하셔야 할 것이 있습니다. 간식은 에너지를 채우는 주식이 될 순 없다는 사실을 말이지요.

AAHA(미국동물병원협회) 등 영양학 전문가들이 권고하는 일일 적정 간식 섭취량은 하루 필요 칼로리의 10% 이내입니다. 고양이 역시 마찬가지인데요. 몸무게가 4~5kg인 고양이의 하루 건사료 권장량이 60~65g임을 고려했을 때, 간식(건사료와 동일한 영양 배합으로 가정)은 6g 아래로 급여해주시는 것이 좋습니다.

앞선 챕터에서 잠시 말씀드린 것처럼, 특히 말린 고기나 동결 건조된 간식의 경우 수분의 함량이 매우 적기 때문에 부피에 비해 칼로리가 높은 편입니다. 따라서 오랫동안 적정량보다 많이 급여하면 비만의 원인이 되어 고양이의 뱃살을 축 늘어지게 할 가능성이 큽니다.

"먹는 즐거움은 2초, 살 빼는 고통은 최소 6개월"이라는 말을 들어보셨는지요? 사랑하는 내 고양이가 갑작스러운 체중 증가로 괴로워하는 일을 막기 위해선 간식의 양을 항상 조절해주셔야 한다는 점을 반드시 명심해주세요.

고양이 비만을 예방하는 집사의 스킬 : 간식 가계부

고양이 먹거리와 관련해 상담을 하다 보면, 보호자님께서 고양이에게 급여한 식단 리스트의 공개를 꺼리시는 경우가 많습니다. 하지만 내 고양이에게 딱 맞는 처방을 내리기 위해서는 문제의 원인 파악이 무엇보다도 중요합니다. 특히 비만의 경우 내분비 질환이 아니라면 대부분 먹거리가 원인이 되기 때문에, 정확한 진단을 위해서는 간식과 사료의 구매 내역을 꼼꼼히 기록하는 습관을 들이시는 것이 좋습니다.

2달 이상 간식 가계부 기록이 쌓이면, 간식 급여량을 조절하는 데에도 활용할 수 있습니다. 사료를 구입한 금액과 간식을 구입한 금액을 비교해서 2:1 이하의 비율로 맞춰주시는 겁니다. 예를 들어 한 달 평균 사료 구매 비용으로 20,000원 정도를 지출하셨다면 간식 값은 9,000원 이내로 조절해주시는 식입니다. 물론 고양이가 체중 감량을 시작했다면 간식 구매 비율은 조금 더 낮춰주시는 것이 좋겠지요.

다시 한 번 강조합니다만, 고양이에 대한 애정은 간식 급여량과 반비례 관계에 있습니다. 내 고양이에게 좋은 것만 해주고 싶으시다면, 간식 말고 행동 풍부화를 위한 장난감 혹은 건강 보조 영양제 등을 챙겨주시길 추천합니다!

집사들은 이런 게 궁금해! ⑨

출근을 해야 해서 제한 급식이 어려운데 어떡하죠?

👤 3

집사K

아무래도 우리 동수가 점점 비만 고양이가 되어가는 것 같아요. 주중에는 하루 종일 회사에 출근하다 보니 어쩔 수 없이 자율 급식을 하고 있거든요. 이럴 땐 어떻게 영양 관리를 해 줘야 할까요?

고양이에게 비만이 의심된다면 식단 조절은 필수입니다. 출근하느라 집을 자주 비운다고 하니, 자동 급식기의 도움을 받아보는 건 어때요? 자동 급식기는 일정한 시간마다 적절한 양의 사료를 급여해 주는 데다, 요즘엔 카메라도 달려있어서 고양이가 밥을 잘 먹고 있는지, 컨디션에 문제는 없는지 실시간으로 확인할 수 있어요.

우재쌤

집사K

그렇군요. 사실 우리 동수는 활동량이 굉장히 낮은 편이에요. 장난감에도 크게 반응을 하지 않아요. 이런 고양이는 어떻게 살을 빼야 하나요?

밥의 양을 갑자기 줄이면 고양이는 상당한 스트레스를 받을 수 있습니다. 그래서 자동 급식기에 넣는 사료의 양 역시 천천히 줄여주셔야 하고, 일부는 장난감이나 실내 곳곳에 숨겨 직접 찾아먹도록 하는 것이 가장 좋은 방법이 될 수 있어요. 사료를 불특정한 장소에 숨기면 고양이의 사냥의 본능을 자극해 활동량을 높이고 스트레스 지수도 낮출 수 있습니다.

우재쌤

고양이 동수

아~옹! (=난 장난감은 재미없고 누워있는 게 제일 좋거든!)

활동량이 거의 없는 고양이는 식단으로 비만 관리를 하는 수밖에 없습니다. 주치의와의 면밀한 상담을 통해 비만 처방식으로 바꾸는 방법이 있을 수 있겠죠. 물론 먹는 것으로만 비만을 치유하는 데에는 한계가 있겠지만, 비만과 관련된 내분비 호르몬을 조절하는 처방식을 먹인다면 비만 증세가 악화되는 것을 어느 정도 억제할 수 있을 거예요.

우재쌤

집사K

그런데 비만 처방식은 식이섬유 등으로 지방이나 단백질의 함량을 채운다고 하셨잖아요? 그럼 비만 처방식을 오래 먹이면 영양 결핍 문제가 생기진 않나요? 그동안 혹시 다른 영양제를 더 챙겨줘야 할까요?

비만 처방식은 오랜 시간(6개월~1년) 먹일 수 있도록 설계되어 있으므로 영양소 결핍을 걱정하시진 않아도 됩니다. 다른 먹거리를 더 챙겨주지 않으셔도 돼요. 항산화 성분이 보강된 영양제 정도만 함께 챙겨주면 충분합니다.

우재쌤

길고양이를 위한 영양 관리

처음 만난 길고양이에게 뭘 주지?

주의! 최악의 길고양이 밥상

고양이용 사료는 날것을 사냥하거나 쓰레기를 주로 먹던 도심의 길고양이들에게 참 반가운 존재일 것입니다. 하지만 길고양이가 직접 섭취하는 먹거리인 만큼 아래의 식품들은 될 수 있으면 급여를 지양하는 것이 좋습니다.

● 유통 기한이 2개월 이상 지난 사료나 개봉한 지 1개월이 지난 사료

길고양이도 생명체입니다. 유통 기한이 지나서 오래되었거나 개봉한 지 1개월이 지난 사료는 알갱이 표면에 있는 지방이 산패되어 건강상 좋지 않습니다. 지방이 산패되면 페록사이드peroxide, 알데하이드aldehyde, 케톤 등 간 독성·발암물질을 만들어 내기 때문에 주는 것보다 버리는 것이

현명한 방법입니다.

● 생고기

길고양이가 오랫동안 생존하는 경우는 드문데요. 특히 나이 많은 길고양이에게 생고기를 지속적으로 주는 것은 좋지 않습니다. 생고기의 경우 칼슘에 비해 인의 비율이 과도하게 높은 경우가 많아, 신장 기능이 좋지 않은 길고양이는 신부전을 더욱 가속화할 수 있습니다. 차라리 칼슘과 인의 균형이 맞춰진 '상업용 생식'을 급여하는 편이 낫습니다.

또한 수분이 많이 함유되어 있는 음식은 오래 두면 미생물에 의해 부패되기 쉽습니다. 제때 치우지 않으면 이웃 주민에게 불쾌감을 주어 길고양이에게 위협적인 상황이 발생할 수 있으므로, 가급적 산패가 더딘 사료를 주시되 만일 생고기를 주셨다면 급여한 직후에 반드시 바로 수거해 주세요.

● 사람용 참치캔

참치캔에는 불포화지방산이 굉장히 많아서 체내의 비타민 E를 빠르게 소진시킵니다. 따라서 길고양이가 불쌍하다고 사람용 참치캔을 뜯어서 주는 것은 일시적으로 허기를 달랠 수는 있으나 '황색지증'을 유발할 수 있어 지양해야 합니다. 높은 지방 수치로 인해 탈이 나게 되면 길고양이의 수명은 더욱 단축될 수 있습니다. 또한 사람용 참치캔에는 나트륨이 지나치게 많이 들어있습니다. 길고양이들은 깨끗한 물을 자주 마실 수 없기 때문에 지방과 나트륨이 너무 많이 함유된 음식은 건강에 치명적일 수 있다는 점을 기억해주세요.

● 그 외 사람용 음식

참치캔 외에도 사람의 음식을 길고양이에게 주는 행위는 위험할 수 있습니다. 우리가 먹는 음식은 대부분 나트륨의 함량이 지나치게 높기 때문입니다. 특히 닭갈비, 돼지갈비, 소갈비 등은 고양이에게 매우 짠 음식인 데다 지방함량까지 높아 급성 췌장염 등의 질병을 일으킬 수도 있어 주의해야 합니다.

● 물이 없는 건사료 급여

길고양이가 살아가는 데 가장 힘든 일은 무엇일까요? 이웃 사람들의 위협, 다른 길고양이들의 공격, 도로를 질주하는 자동차…. 물론 이 모든 것이 길고양이를 힘들게 하는 요소는 맞습니다만 그중에서도 가장 버티기 힘든 것은 바로 갈증일 것입니다. 공원 근처나 산골짜기처럼 맑은 물이 흐르는 환경이 곁에 있다면 좋겠지만, 도심에 숨어 사는 고양이의 생활환경은 그야말로 사방이 메마른 콘크리트일 뿐입니다. 도심에 맑은 물이 고여 있는 곳은 흔하지 않습니다. 그나마 고여 있는 물들도 자동차에서 나오는 여러 화학물질, 쓰레기로 오염되어 있지요. 아무리 영양소가 풍부한 건사료를 급여하더라도 적절한 음수량을 섭취하지 않으면 고양이의 건강에는 분명 문제가 생기고 맙니다. 이왕이면 물 그릇에 식수를 담아 건사료와 함께 제공한다면 목을 축일 곳 없는 길고양이에게는 매우 고마운 일이 될 것입니다.

길고양이를 위한 최고의 밥상

● 물 + 건사료

여러 길고양이를 돌봐주고 계시다면 아무래도 가성비가 좋은 먹거리를 고민하시게 될 겁니다. 쉽게 부패하지 않으면서 양도 풍부한 대용량 건사료를 구매해 한 달여간 나눠주는 것도 하나의 방법이 될 수 있습니다. 다만 이제까지 고양이 영양학을 공부하셨으니, 기왕이면 사료가 단백질과 지방이 고양이의 최소 요구량을 충족하는지 꼼꼼히 확인한 후 급여하는 것이 좋겠지요. 물론 지방함량이 미달되는 경우는 거의 없으니 크게 걱정하지는 않으셔도 됩니다.

1챕터에서 상세히 말씀드렸던 것처럼 고양이에게 필요한 최소한의 단백질은 성묘(약 25%)/자묘(약 30%)에 따라서 조금씩 차이가 납니다. 지방 역시 마찬가지인데, 대체로 8% 이상 함유하길 권하나 개체에 따라 최소 요구량이 조금씩 다릅니다. 그러나 중성화 수술을 진행하면서 나이를 추정해보지 않는 이상, 챙겨주는 길고양이의 정확한 생애주기를 알기란 쉽지 않습니다. 만약 나이가 짐작되지 않는 길고양이가 오랜 시간 길 생활을 한 것 같다면 성묘가 아닌 자묘 기준에 따라 지방함량을 확인해 주세요. 영양부족 문제를 겪고 있을 가능성이 있기 때문입니다.

또한 경제적인 여건이 되신다면, 단백질이 좀 더 많이 함유되어 있는 사료를 급여하시는 것도 최선의 선택지가 될 것입니다. 물론 신선한 물이 담긴 그릇과 함께 말이지요.

● 주식캔

항상 음수량이 부족한 길고양이에게 주식캔은 좋은 영양제가 되어줄 수 있습니다. 다만 주식캔은 가격대가 꽤 높은 편이라 많은 길고양이에게 혜택을 주기에는 어려움이 있을 수 있습니다. 만약 돌보는 길고양이의 수가 한정되어 있고 고양이 역시 밥을 주는 보호자를 인지하고 있다면, 건사료와 함께 주식캔을 급여해주셔도 괜찮습니다. 건사료 옆에 주식캔이 하나 더 따여 있다면, 길고양이에겐 더할 나위 없이 좋은 밥상이 되어줄 것입니다. 어느날 갑자기 호화스러운 뷔페에 온 기분을 느낄지도 모르겠네요.

— **길고양이에게 간식을 줄 때 주의할 점** ————————

간식은 한번 맛을 보게 되면 주식보다도 간식을 더 반길 만큼 고양이의 기호성이 굉장히 높습니다. 따라서 길고양이에게는 가능하다면 간식을 급여하지 않는 것이 제일 좋습니다. 간식을 자주 주게 되면 사람에 대한 경계심이 낮아질 수 있기 때문이지요. 길고양이가 사람의 손길에 익숙해졌다는 것은, 고양이를 싫어하는 사람들의 위협에 무방비로 노출되어있다는 의미이기도 합니다. 만일 길고양이가 건사료를 먹지 않으려 하거나 음수량이 부족한 것 같아 고민이라면 간식이 아닌 습식(주식캔) 급여를 먼저 시도해보시기 바랍니다.

● 튜브형 먹거리(츄르 등)

흔히 '츄르'라고 불리는 튜브형 간식 역시 수분이 90% 이상 함유되어 있어, 길고양이가 부족한 음수량을 채우는 데 일정 부분 도움이 될 수 있습니다. 하지만 튜브형 먹거리는 어디까지나 간식일 뿐 주식으로는 적합하지 않다는 사실을 꼭 명심해주세요. 대체로 튜브형 간식은 일부 영양소의 함량이 건사료의 기준치에 미달할 수 있으며, 몇몇 제품은 나트륨함량이 높아 자주 급여할 경우 음수량을 충족하는 데 도움이 되지 않을 수 있습니다. 물론 수분함량이 높은 먹거리이므로 하루에 4개 이하의 양으로만 급여한다면 건강상 큰 문제는 발생하지 않으니 크게 걱정하진 않으셔도 될 듯합니다.

길고양이가 자주 걸릴 수 있는 질환들

● 치주염/구내염

길고양이의 건강 상태를 살펴보는 일은 보통 중성화 수술을 진행하면서 병행합니다. 마취를 한 김에 고양이의 건강을 이곳저곳 살펴보는 것이지요. 치아 상태 역시 이 때 꼼꼼히 확인할 수 있습니다. 길고양이의 치아는 제대로 관리되기 힘들기 때문에 치주염이나 구내염을 자주 앓게되는 수밖에 없습니다. 실제로 치주 질환은 길고양이의 기대 수명이 짧아지는 큰 원인 중의 하나이기도 합니다.

● 요로결석

수분이 제때 보충되지 않고, 주로 사람의 음식물 쓰레기통을 뒤져 배를 채우는 길고양이의 특성상, 집에서 생활하는 고양이에 비해 요로결석이 생길 가능성이 매우 큽니다.

● 구충/원충 감염

실외에서 생활하는 길고양이는 외부 기생충에 감염될 확률이 실내 고양이보다 높습니다. 구충과 원충은 인수 공통 전염병이기 때문에 사람의 안전을 위해서는 길고양이를 입양한 후에도 반드시 구충/원충검사를 해야 합니다. 만약 양성 판정을 받으면 병원에서 치료를 모두 받은 후 집에 데려오는 것이 좋습니다.

● 바이러스성 질환

길고양이는 대체로 면역력이 저하된 상태이므로 전염성 복막염, 허피스바이러스증 등의 바이러스성 질환에 감염되는 경우가 많습니다. 이는 길고양이를 입양한 후 안전을 위해서 14일 이상의 격리 기간을 거쳐 집에 있는 고양이와 합사하는 이유이기도 합니다.

● 세균성 질환

잘못된 물 섭취로 인해 식중독에 걸리는 사례가 많습니다. 깨끗한 물을 먹을 수 있는 환경이 아니기 때문에 물 속의 병원성 세균에 쉽게 감염되

어 장질환을 앓게 되거나, 심한 설사와 구토에 시달리다 탈진에 이르기
도 합니다.

초보 캣맘을 도와주세요! 길냥이 FAQ

잘 먹던 길냥이가 갑자기 사료를 먹지 않아요. 어떡하죠?

이런 사례는 매우 다양해서 일반화하기가 매우 어려운 질문입니다. 그
렇지만 가능성이 높은 것부터 이야기한다면 다음의 경우를 의심해 볼
수 있습니다.

첫째, 수의학에서 볼 때 모든 질환은 식욕 부진에서 비롯됩니다. 잘 먹
지 않는다는 것은 몸에 문제가 있다는 것을 알려주는 길고양이의 신호
일 수 있습니다.

둘째, 부드러운 식품은 잘 먹는데 건사료는 먹지 않는다면 치아 문제
일 가능성이 있습니다. 치주 질환, 구내염 등을 앓게 되면 잇몸이 붓고
출혈이 발생하거나 치아가 흔들리면서 딱딱한 사료를 먹을 때 고통을
느낄 수 있습니다. 사랑니가 자라나면서 고통받은 적이 있다면 이해하
기가 쉬울 것입니다.

셋째, 길고양이가 캣맘을 경계하거나 불안감을 느끼는 경우에는 주변
을 살피기만 하고 먹으려 하지 않을 수 있습니다. 자동차 밑이나 경계를
풀 수 있는 한적한 곳에 먹을 것을 놓아두고, 잠시 고양이 시야에서 완

전히 사라진 후 돌아와서 살펴보면 어느새 뚝딱 비워진 밥그릇을 확인할 수 있을 것입니다.

고양이의 몸이 퉁퉁 부은 것 같아요

지극히 주관적인 표현이긴 합니다만, 항상 지켜보던 길고양이의 몸이 이전보다 '퉁퉁 부었다'라는 느낌을 받을 수 있는 몇 가지 사례와 그 원인을 살펴보겠습니다.

먼저 고양이의 배가 부풀어 오르는 경우인데요. 이 경우 길고양이가 새끼를 가졌을 가능성이 있습니다. 이전의 챕터에서 상세히 말씀드린 것처럼 고양이의 몸무게는 임신 말기가 되면 평소의 40% 이상까지 늘어나곤 합니다. 원만한 출산 준비를 위해 지방을 몸에 축적해두는 습성이 있기 때문이지요.

임신이 아니라면, 고양이가 비만을 앓게 되었거나 기생충에 감염되었을 수 있습니다. 털색이 탁해지고 눈에 띄게 푸석해졌거나, 잇몸이 창백해졌다면 기생충 감염을 의심해볼 수 있으므로 고양이를 데리고 근처 병원으로 가보시길 권합니다.

또한 염도가 높은 짠 음식을 장기간 먹는다면 고양이의 몸 전체가 붓기도 합니다. 주로 음식물 쓰레기를 주식으로 하는 길고양이에게서 많이 나타나는 증상 중의 하나이지요.

고양이는 빼곡한 털로 덮여 있기 때문에 멀리서 관찰한 모습만으로 임신, 붓기, 혹은 기생충 감염 여부 등을 판단하기가 쉽지 않습니다. 따라서 눈에 띌 정도로 살이 급격히 찐 것 같다면 근처 동물병원에 함께 가셔서 수의사의 도움을 받아보시는 것이 가장 정확하면서도 안전한 방법이라는 것을 잊지 말아주세요. 물론 길고양이가 평소와 같이 잘 뛰어다니고 문제없이 점프를 한다면 커다란 이상이 생긴 것은 아니니, 너무 걱정하지 않아도 됩니다!

보살펴주던 길냥이가 임신했어요

고양이는 개와는 다르게 임신 중후반(4~5주 이후)이 되어야 배가 눈에 띄게 볼록해져서 임신 여부를 육안으로 확인할 수 있습니다. 또한 고양이는 임신 초기부터 임신 말기 그리고 수유기까지 필요한 영양소의 함량이 동일한데요. 이 시기에는 칼로리가 높은 고단백, 고지방(주로 키튼용 사료)의 식단을 급여하는 것이 가장 좋습니다. 참고로 임신기부터 수유기까지는 체내 호르몬에 의해 고양이가 스스로 급여량을 조절해서 많이 먹습니다. 고양이가 만족스러운 식사를 할 수 있도록 넉넉한 양의 먹거리를 준비해주세요.

사실 길고양이의 영역은 수의사로서 참 고민스럽습니다. 아픈 길고양이를 포획해서 치료하는 일이 올바른 것인지, 길고양이를 도시의 야생동물로 보고 개입하지 않는 것이 맞는 것인지 혼란스러움을 느낄 때가 종종 있습니다. 한 가지 분명한 것은 길고양이도 우리와 같은 시공간을 공유하는 생명체라는 것이겠지요. 길고양이를 모두 치료해주고 최선의 것을 챙겨주고 싶지만 길고양이와 사람의 평화로운 공존을 위해서, 사람이 할 수 있는 최소한의 일만 해도 충분하지 않을까 싶습니다. 크게 보면 길고양이도 생태계를 이루는 하나의 동물입니다. 길고양이가 최소한의 영양을 공급받을 수 있도록 돕고 학대를 받지 않게 지켜주는 것만으로도 여러분은 이미 큰일을 하고 계신 겁니다.

고양이를 제대로 알아간다는 것의 범위에는 행동, 영양, 생리 등 모든 것이 포함됩니다. 인간을 기준으로 생각하지 않고 있는 그대로의 고양이를 이해하는 것이 중요합니다. 고양이는 작은 개도, 작은 사람도 아닌 고양이일 뿐입니다.

사람에게는 사람의 것을, 고양이에게는 고양이의 것을 먹여야 한다는 점을 항상 명심해주세요!

집사들은 이런 게 궁금해! ⑩

고양이와 생선에 얽힌 오해!

👤 3

집사K

고양이, 하면 바로 떠오르는 것이 생선 아니겠어요? 고양이는 생선을 좋아하니까, 오메가3가 풍부한 생선을 길고양이에게 듬뿍 주면 건강에도 좋겠죠?

물론 등 푸른 생선에는 고양이 몸에 흡수가 잘 되는 오메가3지방산이 많이 함유되어 있긴 합니다. 하지만 이것을 너무 과다 섭취할 경우 '황색지방변'이라는 질환이 발생할 수 있는 데다, 신선도가 떨어진 생선을 잘못 섭취하면 '히스타민 식중독'을 일으키기도 합니다.

우재쌤

집사K

헉…. 생각해 보니 날 생선을 잘못 먹으면 식중독에 걸리거나 기생충에 감염될 위험도 있겠네요.

네. 그리고 날생선에는 '티아미나아제'라는 효소가 들어있는데, 이 효소는 비타민 B1(티아민)을 파괴해 식욕을 잃게 하거나 근육 경련이나 발작 등을 일으키는 병을 유발할 수 있습니다. 심한 경우 고양이를 사망에 이르게 할 수 있으니, 날생선이나 오징어를 주식으로 급여하거나 한 번에 많은 양을 주는 것은 지양해야 합니다.

우재쌤

집사K

혹시 문제가 생길지도 모르니까, 어쩌다 한 번씩 신선한 회 한두 점 정도만 주는 것이 좋겠어요. 그럼 생선을 익혀서 주는 건 괜찮을까요?

생선을 익히면 티아미나아제라는 효소를 제거할 수는 있겠지만, 익힌 생선 역시 주식으로 급여할 경우 고양이 체내에서 필수 비타민과 미네랄 섭취를 방해할 수 있습니다. 또한 굶주린 길고양이가 급하게 생선을 먹다 보면 가시가 목에 걸리거나 내장을 찔러 위험한 상황이 발생할 수 있기 때문에, 반드시 억센 뼈를 잘 발라서 소량(4kg 체중의 고양이에게 새끼손가락 한마디 정도)만 급여해 주셨으면 좋겠습니다.

우재쌤

집사K

네, 잘 기억하고 있을게요.

고양이 동수

우우웅….
(=참치 간식을 좋아한다고 해서 우리가 생선을 다 좋아하는 건 아니라고…)

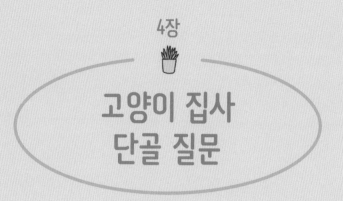

4장

고양이 집사
단골 질문

집사들의 단골 질문

노묘가 되니 구토가 잦아졌어요.
소화가 잘 되도록 관리해주는 비법은 없을까요?

───────── 노령묘가 되면 신체의 기능이 조금씩 떨어지기 때문에 예전보다 분변지수가 급격히 나빠질 수 있으며 습관적으로 구토하는 경우도 종종 볼 수 있습니다.

노령묘의 식단 관리에서 제일 중요한 것은 '기호성'입니다. 항상 잘 먹게 해야 합니다. 그래서 현재까지 급여하던 사료 또는 생식이 건강검진 결과 크게 문제가 없다면 먹거리를 교체하는 일은 신중해야 합니다. 구토가 잦다고 이것저것 계속 바꿔주다 보면 오히려 증상이 더 심해지는 경우가 많습니다. 따라서 정착한 사료가 있다면 특별한 이유 없이 다른 것으로 교체하지 않기를 권합니다(단 치료 목적의 처방식은 예외).

노령묘의 장 기능이 떨어지게 되면 소화에도 영향을 줍니다. 그래서 노령묘 건강을 걱정하시는 보호자를 상담해드릴 때면 저는 장 건강을 위한 보조제를 추천하곤 합니다. 고양이의 장에 원래 살고 있는 상재균(장내 균주)들은 사람보다 종류도 다양하지 않고 단위당 균주의 숫자도 1/1,000에 불과합니다. 따라서 고양이의 장에 질환이 생기면 보통 일주일 정도 임상 증상을 보이는 경우가 많습니다.

시중에 나와 있는 가루 형태, 액상 형태의 유산균들은 장내 세균들이 잘 활동할 수 있도록 도와주는 역할을 합니다. 살아 있는 유산균 형태의 영양제는 프로바이오틱스, 그리고 살아 있는 균은 아니지만 장내에서 장내 세균들의 회복을 도와주는 성분(프록토올리고당, 만난올리고당, 이눌린 등)은 프리바이오틱스라고 알고 계시면 됩니다.

구토를 너무 자주 한다면 먹는 습관을 바꿔주는 것도 도움이 될 수 있습니다. 음식을 천천히 먹을 수 있도록 '슬로우 식기'로 교체하거나 직경이 넓은 밥 그릇으로 바꾸어 사료가 뭉쳐 있지 않도록 하는 방법도 있습니다. 너무 급하게 먹게 되면 위장에서 사료 알갱이가 불어나 구토를 유발하기 때문에 위와 같은 방법을 쓰면 이를 예방하는 데 도움이 될 수 있습니다.

또한 환절기에 구토를 많이 한다면 헤어볼 관리에 문제가 있을 수도 있습니다. 구토물에 헤어볼이 같이 나오는지? 최근에 그루밍을 너무 자주 하지 않는지? 피부질환은 없는지? 등을 확인해보고 이 중에서 한 가지라도 해당된다면 자주 내원하는 동물병원에 가서 검진을 받아보시기 바랍니다.

구토와 설사, 식욕 부진 이 세 가지는 질환의 시작을 알리는 신호와도 같습니다. 발랄한 성묘 시기나 중·장년기에는 그냥 넘어가도 큰 문제가 되지 않을 수 있겠지만, 11세 이상의 노령묘에게는 심각한 질병의 전조 증상일 수 있어 주의해야 합니다. 구토는 체액의 상실을 의미합니다. 체액이 자꾸 몸 밖으로 나가게 되면 노령묘의 건강에 위협적일 수 있습니다. 2회 이상 구토를 반복한다면 반드시 구토물을 영상 또는 사진으로 기록하고, 될 수 있으면 구토물의 일부를 가지고 동물병원에 내원해주세요. 정확한 진단을 내리는 데 큰 도움이 됩니다.

 큰 수술을 받은 후 혹은 오랫동안 투병을 한 후, 체력이 저하된 환묘를 위한 특별 영양 케어법이 있을까요?

──────── 큰 수술을 받거나 오랫동안 투병을 한 고양이라면 음식을 자발적으로 먹지 않는 경우가 많습니다. 이와 같은 경우에는 주로 외부에서 직접 장이나 식도로 멸균된 유동식을 넣어주는 방법을 사용합니다. 병원 주치의의 처방을 따르는 것이 가장 적절합니다.

**양치질을 너무 싫어하는데,
먹거리로 치석을 제거하는 방법은 없을까요?**

──────── 치석을 먹거리로 제거한다면 매우 획기적인 발명일 것 같
습니다. 치석은 '치아에 단단하게 붙은 돌'이라는 의미입니다. 하루에 양
치질을 10번 이상 한다고 해서 치석이 떨어지지는 않지요. 고양이도 마
찬가지입니다. 치석은 제거하는 것이 아니라 예방하는 것입니다.

치석을 제거하는 유일한 방법은 스케일링인데요. 고양이의 경우 스케
일링이 사람보다 복잡해서 꼭 '마취'를 해야만 합니다. ("아~ 해보세요"라
고 말한다고 개나 고양이가 가만히 있지는 않지요? 만약 제게 동물과 소통할 수
있는 능력이 생긴다면 진료를 볼 때에 그 능력을 활용하고 싶습니다. 정맥주사
를 놓을 때, 스케일링을 할 때, 그리고 초음파 검사를 할 때 가만히 있는 게 좋다
고 직접 말해줄 수 있다면 얼마나 좋을까요.) 마취하기 전에는 혈액검사도
해야 합니다. 이 복잡한 일을 음식으로 해결할 수 있다면 수의학에서 참
획기적인 일이 될 테지만, 아쉽게도 먹거리로 치석을 제거하는 방법은
아직 없습니다. 간혹 덕지덕지 붙어있던 치석이 떨어지는 경우가 발생
하는데 이는 매우 위험합니다. 치석 1g에는 50~60억 개의 혐기성 세균
이 고밀도로 존재하므로 이 세균이 장으로 넘어가게 되면 심내막염, 폐
혈증, 신장염증, 설사 등 여러 문제를 일으킬 수 있기 때문입니다.

치석의 예방은 양치가 제1의 해결책이며, 부가적인 방법으로는 이빨
과자와 건사료 급여를 꼽을 수 있겠습니다. 기본에 충실한 생활 습관이

야말로 고양이의 수명을 늘리는 가장 간편하고도 확실한 방법입니다.

 병원에서 상담을 잘 받기 위한 꿀팁이 궁금해요!

————— 병원에서 상담할 때에는 추상적인 표현이나 막연한 의견들을 나누기보단, 수치화된 데이터를 기준으로 서로 이야기하는 게 좋습니다. 제 경험상 병원 진료 시간은 한정되어 있기 때문에 단시간에 정확하고 효율적인 의사소통을 하기 위해서는 누구나 객관적으로 이해할 수 있는 '숫자'를 사용하여 의견을 전달해야 합니다. 당연히 수의사가 보호자께 설명할 때도 마찬가지이고요.

"우리 고양이가 어제 구토를 많이 했어요,

토한 양도 많고 너무 힘들어해서 왔어요."

"우리 고양이가 어제 저녁에 두 번이나 구토를 했어요.

한 번은 7시에 한 숟가락 정도로 노란 구토를 했고,

또 한 번은 9시 20분에 사료가 불은 구토를 했어요.

엄청 힘들어하더라고요. 최대치를 10으로 두었을 때 8 정도로

힘들어한 것 같아요. 여기 구토한 영상과 사진도 있습니다."

어떠신가요? 차이가 느껴지시나요? 정확한 수치와 객관적인 데이터를 활용하여 상황을 구체적으로 전달하면 그만큼 불필요한 문답 시간을 줄일 수 있습니다. 또한 당시의 상황을 동영상이나 사진으로 촬영해두시면 고양이에게 맞는 검사 항목을 추리고 정확한 진단을 내리는 데 드는 시간과 비용을 크게 줄일 수 있답니다.

수의학에서 진단은 대부분 '예측'을 기반으로 합니다. 각 개체의 임상 증상에 따라 질환을 예측하고 나열한 뒤 진단장비, 혈액검사 등을 통해 가능성이 없는 질환을 하나씩 제거하고 최종적으로 확정하는 것이지요. 똑같은 구토 증상이라고 하더라도 "토사물은 바로 치워서 모르겠고 퇴근한 후에야 구토를 한 사실을 알았다"고 하면, 질병을 정확하게 예측할 수 있는 단서가 많이 줄어들기 때문에 진단에 어려움을 겪게 되는 것입니다.

사람의 기억력은 제한적이기 때문에 평소에 고양이의 소변의 양(화장실을 치울 때 알 수 있습니다), 음수량, 급여량, 배변량과 변의 굳기 등을 꼼꼼하게 기록해 놓는다면 진단할 때에 큰 도움이 될 수 있습니다. 최소한 음수량과 급여량은 꼭 적어 놓길 권합니다. 기록하는 습관을 들이기 번거롭다면, 스마트폰의 가계부 애플리케이션을 내려 받아 고양이 용도로 활용하는 것도 좋을 듯합니다.

반대로, 다음과 같은 내용은 오히려 진단에 도움이 되지 않으므로 지양하는 것이 좋습니다.

"선생님, 제가 인터넷에서 찾아봤는데 이 약을 먹이면 되지 않나요?"

고양이도 생명체라서 임상 증상은 똑같아도 원인은 제각각입니다. 인터넷으로 상세한 진단을 할 수 있다면 동물병원이 필요 없겠지요? 가능성으로 치료를 하는 것은 위험할 수 있기 때문에, 자주 다니시는 동물병원의 주치의의 진단을 믿는 것이 가장 안전합니다.

"전화상으로 알려줄 수는 없나요?"

병원에서 가장 많이 접하는 문의 사항이기도 합니다. 그러나 전화상의 이야기만 듣고는 질환을 제대로 유추할 수 없습니다. 흔히 발생하는 질환이라도 고양이에 따라 경중이 다를 수 있기 때문에 병원에 내원한 후 고양이의 상태를 직접 확인해봐야 정확한 답변을 드릴 수 있습니다. 고양이가 아픈 것 같다면 집에서 고민하지 마시고, 바로 동물병원에 데려가주세요.

"아는 수의사에게 물어보니 이렇다고 하던데, 맞나요?"

이 질문도 많이 들어봤습니다. 혹시 인터넷에서 떠도는, 출처가 불분명한 정보를 보신 것은 아닌가요? 실제로 임상 현장에서 근무하지 않는 비전문가가 객관적이지 못한 자료로 답변했을 가능성이 있어, 인터넷의 정보를 100% 신뢰하는 것은 위험할 수 있습니다. 임상 현장에 있는 수의사라면 몇 가지 진술과 사진, 영상만 가지고 쉽게 진단을 내리지 않기 때문입니다. 설령 정말 수의사가 다른 진료 사례를 바탕으로 조언했다고 하더라도, 내 고양이의 사례와 다른 집 고양이의 사례가 똑같은 확률은 매우 낮다는 점을 꼭 기억해주세요.

 고양이가 건강에 좋은 먹거리(처방식 등)는 도통 먹지 않으려고 하네요. 처방식을 먹지 않고 증상이 좋아질 수 있는 방법은 없을까요?

────── 안타깝게도 처방식을 먹지 않으면 아무런 소용이 없습니다. 특히 고양이는 먹지 않으면 더 증세가 심각해질 수 있기 때문에 먹는 처방식을 찾는 것이 무엇보다도 중요합니다. 증세가 훨씬 심해진 후에는 고양이에게 적합한 처방식을 찾기 매우 어려우므로, 병이 깊어지기 전부터 처방식을 먹이기 시작하는 것이 좋습니다.

- 고양이가 간식에 너무 길들여지지 않도록 식품 구매 내역을 주기적으로 살펴보고, 주식과 간식의 비중을 꼼꼼히 확인해주세요
- 사람이 먹는 먹거리를 나누어주지 마세요
- 미세한 영양소 조절이 필요한 경우, 주식은 건사료로 주는 것이 좋으며, 습식을 병행하더라도 주식의 10%는 넘지 않게 해주세요
- 1년이 되기 전에 여러 가지 단백질원을 접해볼 수 있게 하면 나중에 거부하는 반응을 줄일 수 있습니다.

고양이가 갑자기 사료를 먹지 않으려고 해요(간식만 먹으려고 함)! 왜 그럴까요?

─────── 5세 정도의 아이들은 반찬 투정과 편식을 자주 합니다. 밥을 먹지 않고 고집을 부리면 대부분의 보호자는 안쓰러워서 밥을 치우고 잘 먹거나 좋아하는 먹거리를 밥 대신 줍니다. 이것이 반복되면 아이는 식사 거부를 통해 더 맛있는 것을 먹을 수 있다는 사실을 본능적으로 알지요.

고양이도 마찬가지입니다. 보호자가 안쓰러운 감정으로 계속 떠서 먹이거나 평소와는 다른 반응과 관심을 보여주게 되면 고양이는 이를 긍정적인 신호로 착각합니다. 뭔가를 거부했을 때 상으로 보호자의 관심을 받거나 맛있는 간식이 나온다고 인식하게 되는 것이지요. 사료를 먹지 않고 간식만 먹으려고 하는 것은 이러한 일련의 과정을 거친 결과입니다. 고양이에게는 죄가 없습니다. 먹을 것을 선택하는 최초의 권한은 보호자에게 있기 때문입니다. 고양이 밥상의 최종 책임자는 보호자라는 것을 꼭 명심해 주세요.

편식하지 않고 골고루 잘 먹게 하는 방법이 궁금합니다.

——————— 먹거리에서만큼은 이성적으로 대처해야 합니다. 이런저런 미사여구도 필요 없습니다. 간식을 주지 않으면 됩니다! (단호)

 알갱이가 큰 사료를 샀는데,
잘게 부수어 먹여도 별 문제가 없나요?

——————— 알갱이가 적당한 크기라면 고양이의 치아 건강에 도움이 됩니다. 그러나 알갱이가 너무 크거나 딱딱하면 먹을 때 고통을 느끼기 때문에 사료를 거부하는 원인이 될 수도 있습니다. 적당한 크기를 고르는 게 중요한데, 고양이에게 가장 적합한 알갱이의 크기는 고양이의 목구멍 크기 정도입니다.

잘게 부수어 먹이길 권할 때도 있습니다. 치아질환이 있어서 잘 씹어 먹지 못하거나 노령묘여서 치아가 대부분 발치되었다면 사료를 잘게 부순 후에 물을 타서 유동식으로 만들어 먹여주는 것이 좋습니다. 알갱이를 부수거나 물에 타더라도 영양소는 파괴되지 않으니 걱정하지 마세요. 다만 물을 탈 때 너무 많은 물을 넣고 불린 후에 나머지 물을 버리게 되면 수용성 비타민이나 물에 녹는 영양소까지 버리게 되므로, 적당한 양의 물을 부어서 불리는 것이 좋습니다.

건강 상태를 확인하기 위한 건강검진 및 혈액검사는 어느 정도의 주기로 하면 가장 좋을까요?

————— 고양이의 생애주기에 따라 다릅니다. 보통은 1년에 1회 이상 혈액검사를 받아볼 것을 권하지만 노령묘의 경우에는 1년에 최소 2회 이상 받아보길 권합니다. 고양이는 나이를 먹을수록 사람에 비해 시간이 빠르게 흐르기 때문입니다. 노령묘의 1년은 사람의 5~8년과도 같습니다. 노령묘의 상태에 따라 혈액검사의 범위도 달라질 수 있으니 주기적으로 병원을 방문해 내 고양이의 건강 상태를 확인해주세요.

사람용 우유 중에도 '락토프리' 우유가 있는데, 이걸 먹이는 건 괜찮을까요? 성묘에겐 유당(락토즈)을 분해하는 효소가 거의 없어서 사람용 유유를 주면 안 된다는 이야기는 알고 있어요. 그런데 챙겨주는 길고양이가 너무나도 걱정되어 '락토프리 펫밀크'를 찾아보니 너무 비싸더라고요...

————— 사람용 '락토프리 우유'는 일반 우유보다 고양이에게 급여했을 때 문제를 일으킬 가능성이 더 낮긴 합니다. 말씀하신 것처럼 '락토프리 펫밀크'에 비해 가격도 저렴하기 때문에 급한 경우라면 사람용 락토프리 우유를 급여하시는 것도 하나의 방법이 될 수 있겠지요. 하지만 락토프리 우유 역시 한 번에 과한 양을 급여하면 탈이 날 수 있으므로 조심해야 합니다.

고양이 사료에 들어 있다는 향미제, 안전한 건가요?

향미제는 영어로 'Natural flavor' 즉 '자연적인 향미' 정도
로 해석할 수 있으며 가공 형태에 따라 액상 향미제, 분말 향미제로 나
눕니다. 화학물질을 합성한 것이 아니라 주로 동물성 단백질(닭 간, 소고
기, 생선 등)을 가공하거나 발효시켜서 만들기 때문에 고양이가 오랫동안
섭취해도 건강에 문제가 생기진 않습니다. 또한 사료에 사용되는 향미
제는 극소량(전체의 1~2% 내외)이기 때문에 크게 걱정하지 않아도 됩
니다.

 식이섬유가 몸에 좋다던데, 과일과 채소를 급여해도 될까요? 참
고로 저희집 고양이는 귤, 사과, 시금치, 배추를 너무 좋아해요.

고양이가 좋아한다는 식물성 원료를 살펴보니 대부분 항산
화성분의 함량도 높은 편이고 식이섬유를 추출하는 원료로도 쓰이는 식
품들이네요. 과한 급여만 아니라면 건강에 나쁜 영향을 끼치진 않을 겁
니다. 하지만 과일에 들어있는 씨앗은 꼭 주의하셔야 합니다. 사과 씨앗
에는 '시안화 계열'의 독성 물질이 있기 때문에 고양이에게 중독을 일으
켜 큰 문제를 유발할 수 있습니다. 내시경 수술로 빼내기도 어렵기 때문

에 반드시 씨앗을 잘 제거하고 적정량을 급여하시기 바랍니다.

또한 고양이에게 채소와 과일을 먹이실 때에는 반드시 변을 확인해주셔야 합니다. 고양이들은 보통 곱게 씹어서 먹지 않기 때문에 채소나 과일이 소화되지 않고 덩어리 그대로 배출될 경우, 급여하는 양을 조절해주시거나 알갱이를 잘게 부수어 주시는 것이 좋습니다.

 길고양이를 위한 안전한 '밥 자리'는 어떤 곳인가요?

──────── 사람들의 눈에 잘 띄지 않는 구석진 곳에 간이 급식소를 마련해주는 것이 좋습니다. 인도나 도로에서 멀리 떨어진 깊숙한 수풀 등 사람들의 발길이 쉽게 닿지 않는 곳에 밥그릇을 두면 고양이가 안정감을 느낄 수 있을 겁니다.

또한 밥그릇에 사료를 덜어준 뒤 고양이가 주변에 온 것을 확인했다면, 고양이가 사람의 손을 타지 않고 경계심을 유지할 수 있도록 급식소에서 멀찍이 떨어져서 잠시 기다려주시는 것이 가장 좋습니다. 길고양이와 시민들의 평화로운 공존을 위해 고양이가 밥을 먹고 돌아간 자리는 반드시 바로 치워주셔야 한다는 점도, 꼭 잊지 말아주시고요.

고양이에게 절대 먹여선 안 되는 먹거리

- **카페인이 함유된 모든 식품** : 비정상적인 이뇨 작용을 유발할 수 있어 고양이 건강에 치명적입니다.

- **사람용 우유** : 생후 몇 개월이 지나면 고양이의 체내에 있던 유당분해효소가 사라져, 복통·설사 등을 유발할 수 있습니다.

- **알콜 (발표된 생 밀가루 반죽 포함)** : 고양이에게 구토, 설사, 호흡 곤란을 일으키며 심한 경우 사망에 이르게 할 수 있습니다. 발효된 생 밀가루 반죽 역시 위에서 알코올 성분을 생성하므로 주의해야 합니다.

- **마늘, 양파, 파류(쪽파, 대파 등)** : 적혈구를 파괴시켜 혈뇨를 일으킬 수 있습니다.

- **소금(간이 되어있는 사람 음식 포함)** : 나트륨함량이 지나치게 높은 식품은 심혈관계 질환에 악영향을 끼칩니다.

- **초콜릿** : 초콜릿의 '테오브로민'이라는 성분을 섭취하게 되면 중독 증상을 일으켜 심장과 중추신경에 치명적일 수 있습니다.

- **기름기가 심한 식품** : 지방함량이 지나치게 높은 식품은 고양이에게 설사 등의 문제를 일으킬 가능성이 큽니다.

- **뼈(특히 익힌 생선류)** : 목에 걸리는 사고가 빈번히 발생합니다. 구토를 유발하거나 내시경 기기로 가시를 빼내는 작업은 고양이에게 큰 고통을 줄 수 있습니다.

- **사람용 의약품** : 간세포를 파괴할 수 있으며, 일부 약물은 소화되어 배출되지 않아 체내에서 독성을 일으킬 수 있습니다.

주요 영양소의 최소·최대 요구량(FEDIAF, 2020 기준)

● 단백질의 최소, 최대 요구량

영양소 구분	단위	최소 요구량(100g 기준)		성장기 / 임신기	최대량(100g 기준) (L) = EU 법적 제한선 (N)=영양학적 안전한계선
		성묘(MER*별 가이드라인)			
		75kcal/kg$^{0.67}$	100kcal/kg$^{0.67}$		
단백질 Protein	g	33.30	25.00	28.00 / 30.00	-
아르기닌 Arginine	g	1.30	1.00	1.07 / 1.11	어린 고양이 : 3.50 (N)
히스티딘 Histidine	g	0.35	0.26	0.33	-
아이소루신 Isoleucine	g	0.57	0.43	0.54	
류신 Leucine	g	1.36	1.02	1.28	
라이신 Lysine	g	0.45	0.34	0.85	
메티오닌 Methionine	g	0.23	0.17	0.44	어린 고양이 : 1.30 (N)
메티오닌-시스틴 Methionine-cystine	g	0.45	0.34	0.88	
페닐알라닌 Phenylalanine	g	0.53	0.40	0.50	
페닐알라닌-티로신 Phenylalanine-tyrosine	g	2.04	1.53	1.91	
트레오닌 Threonine	g	0.69	0.52	0.65	
트립토판 Tryptophan	g	0.17	0.13	0.16	어린 고양이 : 1.70 (N)
발린 Valine	g	0.68	0.51	0.64	
타우린(습식) Taurine	g	0.27	0.20	0.25	
타우린(건식) Taurine	g	0.13	0.10	0.10	

※ MER : 하루 칼로리 요구량(Maintenance Energy Requirement)
75kcal/kg$^{0.67}$: 과체중 (for Heavy cat, 6kg 이상)
100kcal/kg$^{0.67}$: 보통체형 (for Light and normal cat, 2~4kg)

● 지방의 최소, 최대 요구량

영양소 구분	단위	최소 요구량(100g 기준)		최소 요구량(100g 기준)	최대량(100g 기준)
		성묘(MER별 가이드라인)		성장기 / 임신기	(L) = EU 법적 제한선 (N)=영양학적 안전한계선
		$75kcal/kg^{0.67}$	$100kcal/kg^{0.67}$		
지방 Fat	g	9.00	9.00	9.00	
리놀레산 Linoleic acid	g	0.67	0.50	0.55	
아라키돈산 Arachidonic acid	mg	8.00	6.00	20.00	
알파 리놀렌산 Alpha-linolenic acid	g	-	-	0.02	
오메가3지방산 EPA+DHA	g	-	-	0.01	

● 미네랄·미량원소의 최소, 최대 요구량

영양소 구분	단위	최소 요구량(100g 기준)			최대량(100g 기준)
		성묘(MER별 가이드라인)		성장기 / 임신기	(L) = EU 법적 제한선 (N)=영양학적 안전한계선
		75kcal/kg$^{0.67}$	100kcal/kg$^{0.67}$		
미네랄 Mineral					
칼슘 Calcium	g	0.53	0.40	1.00	
인 Phosohorus	g	0.35	0.26	0.84	
칼슘/인 비율 (Ca/P ratio)			1/1		어린 고양이 : 1.5/1 (N) 성묘 : 2/1 (N)
칼륨 Potassium	g	0.80	0.60	0.60	
나트륨 Sodium	g	0.10	0.08	0.16	
염화물 Choride	g	0.15	0.11	0.24	
마그네슘 Magnesium	g	0.05	0.04	0.05	
미량원소 Trace Element					
구리 Copper	mg	0.67	0.50	1.00	2.80 (L)
아이오딘(요오드) Iodine	mg	0.17	0.13	0.18	1.10 (L)
철분 Iron	mg	10.70	8.00	8.00	68.18 (L)
망가니즈 Manganese	mg	0.67	0.50	1.00	17.00 (L)
셀레늄(습식) Selenium	μg	35.00	26.00	30.00	56.80 (L)
셀레늄(건식) Selenium	μg	28.00	21.00	30.00	56.80 (L)
아연 Zinc	mg	10.00	7.50	7.50	22.70 (L)

● 비타민의 최소, 최대 요구량

영양소 구분	단위	최소 요구량(100g 기준)		성장기 / 임신기	최대량(100g 기준)
		성묘(MER별 가이드라인)			(L) = EU 법적 제한선 (N)=영양학적 안전한계선
		75kcal/kg$^{0.67}$	100kcal/kg$^{0.67}$		
비타민 Vitamin					
비타민 A	IU	444.00	333.30	900.00	어린 고양이, 성묘 : 40,000 (N) 임신기 : 33,333 (N)
비타민 D	IU	33.30	25.00	28.00	227 (L) 300 (N)
비타민 E	IU	5.07	3.80	3.80	
비타민 B1 (티아민)	mg	0.59	0.44	0.55	
비타민 B2 (리보플라빈)	mg	0.42	0.32	0.32	
비타민 B5 (판토텐산)	mg	0.77	0.58	0.57	
비타민 B6 (피리독신)	mg	0.33	0.25	0.25	
비타민 B12 (시아노코발라민)	μg	2.35	1.76	1.80	
비타민 B3 (나이아신)	mg	4.21	3.20	3.20	
비타민 B9 (엽산)	μg	101.00	75.00	75.00	
비타민 B7 (비오틴)	μg	8.00	6.00	7.00	
콜린	mg	320.00	240.00	240.00	
비타민 K	μg	-	-	-	

고양이 영양학

초판 1쇄 발행 2021년 04월 22일
초판 3쇄 발행 2022년 07월 07일

지은이 조우재
펴낸이 김영신
미디어사업팀장 이수정
편집 서희준
디자인 김아름 @piknic_a
일러스트레이션 이고

펴낸곳 (주)동그람이
주소 서울특별시 마포구 성미산로 183, 1층
전화 02-724-2794
팩스 02-724-2797
출판등록 2018년 12월 10일 제 2018-000144호

ISBN 979-11-966883-5-6 13490

홈페이지 blog.naver.com/animalandhuman
페이스북 facebook.com/animalandhuman
이메일 dgri_concon@naver.com
인스타그램 @dbooks_official
트위터 twitter.com/DbooksOfficial

Published by Animal and Human Story Inc. Printed in Korea
Copyright ⓒ 2022 Animal and Human Story Inc.